UNBEKANNTE FLUGOBJEKTE

RÄTSEL UNSERER WELT

UNBEKANNTE FLUGOBJEKTE

KARL MÜLLER VERLAG

Genehmigte Ausgabe für Karl Müller Verlag,
Danziger Str. 6, D-91052 Erlangen, 1996

Fachliche Beratung:
D. Harald Alke, Kyborg-Institut,
Postfach 20, 67592 Flörsheim-Dalsheim

INHALT

Eine klassische Begegnung	7
Die UFO-Checkliste	12
UFO-Bildarchiv	16
Vogel, Flugzeug – oder UFO?	18
Wer sind die Männer in Schwarz?	22
UFO-Bildarchiv	26
Sie wirbeln durchs Weltall	28
Plötzlich, aus heiterem Himmel...	30
UFO-Großfahndung	32
UFO-Bildarchiv	34
Das Luftschiff-Phantom	36
Die verlorene Stunde	40
UFOs: Das große Geheimnis	41
UFO-Bildarchiv	46
Wenn Lichtstrahlen ihre Richtung ändern	48
Straßen der Angst	51
UFO-Lichterregen	54
Lichter am Himmel	57
UFO-Bildarchiv	58
Fliegende Untertassen auf Film gebannt	60
UFOs über dem Meer	63
UFOs von der Erde	66
UFO-Bildarchiv	70
Unheimliche Besucher	72
Der Oz-Faktor	76
UFO-Bildarchiv	80
UFOs und Computer	82
UFO-Beobachtung	86
UFO-Bildarchiv	90
Der lange Schatten der Angst	92
Geheimnisvolle fliegende Maschinen	95
Panik in Texas	100
UFO-Bildarchiv	104
UFOs oder Geheimwaffen?	106
UFOs über der Stadt	110

EINLEITUNG

Die ersten Berichte über „fliegende Untertassen“ tauchten in den 40er Jahren auf, als Kriegspiloten surrende, sanft über den Himmel gleitende, leuchtende, doch offensichtlich materielose Flugobjekte zu beobachten glaubten. Doch bereits vorher gab es unerklärliche Flugkörper. Zwei Kapitel dieses Buches widmen sich dem Anfang unseres Jahrhunderts, als immer wieder seltsame Flugzeuge oder Luftschiffe in Berichten auftauchten. Als dann ein breites Publikum durch die Raketenproduktion des Dritten Reichs sowie Science-fiction-Romane mit der Idee der Raumfahrt bekannt gemacht wurde, entdeckte man auch zunehmend Raumschiffe am Himmel – nach dem Motto: Was man kennt, das glaubt man auch zu sehen. Entsprechend waren vor den Tagen des Ballons und Flugzeugs unbekannte Flugobjekte eher als Vögel oder Engel gedeutet worden.

Existenz und mögliche Erscheinungsformen von Ufos sind nach wie vor heftig diskutiert. Auch wenn mit angeblichen Ufos am Himmel viel Unfug getrieben wird, dürfen die vielen seriösen Berichte über unerklärliche Himmelsphänomene nicht einfach abgetan werden. Dieses Buch gibt einen objektiven Überblick – dokumentiert durch detaillierte Illustrationen und atemberaubende Fotos sowie die wichtigsten Theorien zur Aufhellung der Erscheinung, so daß Sie sich ein eigenes Bild machen können. Dazu kommen Anleitungen für eigene Beobachtungen, Dokumentation und Weitergabe von Informationen.

EINE KLASSISCHE BEGEGNUNG

Als der Forstarbeiter Robert Taylor auf die Waldlichtung trat, wußte er sofort, daß es sich bei dem Objekt vor ihm um ein UFO handelte. Welche Wirkung die Begegnung mit einem UFO haben kann, erfuhr er schließlich am eigenen Leib.

Oben und rechts: Diese Zeichnung gibt den unheimlichen Anblick wieder, der den Forstarbeiter Robert Taylor im schottischen Livingston im November 1978 in Angst und Schrecken versetzte.

Um für einen Ufologen interessant zu sein, muß ein Objekt mehr sein als nur „nicht identifiziert": es muß sogar „äußerst seltsam" sein. Ein blinkendes weißes Licht am Himmel kann unbekannter Herkunft sein: Wenn mit der Beobachtung jedoch keine ungewöhnlichen Ereignisse einhergehen, gibt es keinen Grund für die Annahme, es handele sich um etwas anderes als um einen Satelliten oder ein Flugzeug. Bewegt sich das Licht allerdings im Flug schnell hin und her, muß man es als „seltsam" ansehen, und der UFO-Forscher wird sich interessiert zeigen. Ein solches seltsames Phänomen stellt die UFO-Sichtung von Livingston dar.

Der Livingston-Fall wird als Begegnung der Zweiten Art eingestuft – das bedeutet, das UFO wurde aus nächster Nähe gesehen und stand in Kontakt zur Umwelt.

Die schottische Stadt Livingston liegt 21 Kilometer westlich von Edinburgh. Sie erstreckt sich weitläufig über die hügelige Landschaft im Westen der Region Lothian. Am nördlichen Stadtrand grenzt ein Wald an die Autobahn Glasgow-Edinburgh. Der Schauplatz der außergewöhnlichen Ereignisse ist eine kleine, schwer zugängliche Lichtung in diesem Wald, die nur 100 Meter von der Autobahn entfernt liegt, jedoch von dort nicht einzusehen ist.

Vorspiel zum Unglaublichen

Der einzige Zeuge der Begegnung ist Robert Taylor, der damals 61 Jahre alt und Forstaufseher der „Livingston Development Corporation" war. Taylor ist ein ruhiger Schotte, der sein ganzes Leben in der Forstwirtschaft tätig war und vom Unternehmen als äußerst zuverlässig geschätzt wurde. Der Vater mehrerer erwachsener Kinder hatte bereits von UFOs gehört, sich jedoch nie weiter für Einzelheiten interessiert.

Aus Gründen, die später noch erläutert werden, müssen wir näher auf seinen Gesundheitszustand eingehen. Wie viele ältere Menschen leidet Taylor an Angina pectoris und hohem Blutdruck. Vor der beunruhigenden UFO-Begegnung hatte er bereits zwei kleinere Operationen hinter sich. 1965 hatte er sich eine Virusmeningitis zugezogen, von der er sich jedoch wieder gut erholte. 1977 schließlich war er an einer leichten Hepatitis erkrankt. Wenige Monate vor der UFO-Sichtung litt Taylor unter sehr starken Kopfschmerzen, deren Ursache jedoch nicht festgestellt

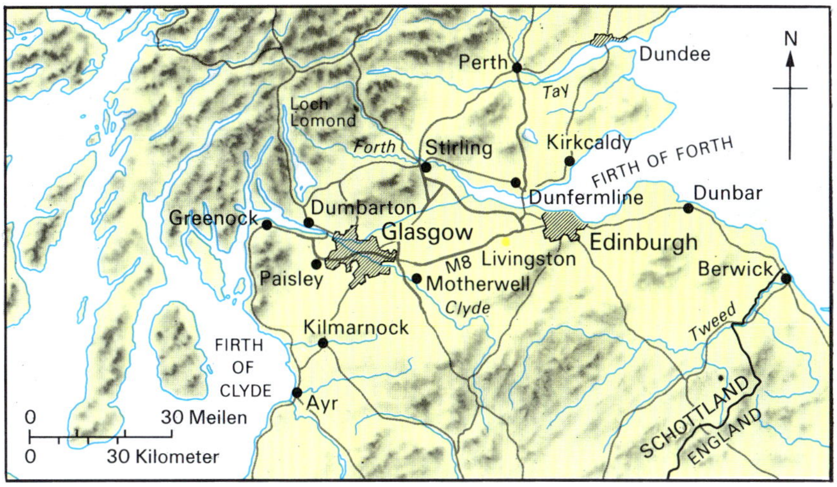

werden konnte. Sein Gehör war gut, und er brauchte nur zum Lesen eine Brille. Er trank zwar gelegentlich etwas Alkohol, doch nie während der Arbeitszeit.

Die unheimliche Begegnung fand am 9. November 1979 statt. Wie gewöhnlich fuhr Taylor zu seiner Frühstückspause gegen 9.30 Uhr nach Hause. Gegen 10 Uhr war er auf dem Rückweg zur Arbeit. Er fuhr einen Lieferwagen der Forstverwaltung und hatte seine Hündin Lara bei sich. An diesem Vormittag wollte er nach den Schafen sehen und die Gatter der Weiden überprüfen. Er fuhr mit dem Wagen einen schmalen Forstweg entlang und parkte an seinem Ende. Lara war in den Wald gelaufen und nicht mehr zu sehen, als Taylor gegen 10.15 Uhr auf die Lichtung trat. Dort verharrte er vor Schreck.

Mitten auf der Lichtung schwebte ein großes Objekt nahe über dem Boden. Es ähnelte der oberen Hälfte einer Kugel. Der Durchmesser betrug etwa sechs Meter. Die untere Hälfte war entweder nicht vorhanden oder unsichtbar. Das Objekt bewegte sich nicht, und kein Ton war zu hören.

Das Objekt hatte eine dunkle, graubraune Färbung, die Taylor später mit der Farbe und Struktur von Schmirgelpapier verglich. In regelmäßigen Abständen änderte sich das Aussehen verschiedener Teile, die dann transparent wurden oder leuchteten. Von der Kante des Randes ragten mehrere Stiele in gleichen Abständen heraus, auf denen propellerähnliche Gebilde angebracht waren, die allerdings nicht rotierten. Dicht über der Kante befand sich eine Reihe von kreisrunden Flecken auf der Oberfläche der Kugel, die noch dunkler waren als die sie umgebende Fläche. Weitere Einzelheiten waren nicht zu erkennen. Taylor schlußfolgerte sofort, daß es sich um ein UFO handeln müsse.

Beinahe augenblicklich, möglicherweise als Reaktion auf sein Eintreffen, näherten sich Taylor zwei kleinere Objekte, die aus Richtung des Raumschiffes zu kommen schienen. Die beiden kugelförmigen Objekte hatten einen Durchmesser von 50 Zentimetern bis einen Meter und wiesen die gleiche Färbung und Struktur wie das größere Objekt auf. An jeder Kugel befanden sich mehrere Vorsprünge oder „Beine", die in alle Richtungen herausragten und auf denen die Kugeln schnell auf Taylor zurollten. Er bemerkte, daß es jedesmal, wenn ein „Bein" den Boden berührte, ein saugendes Geräusch gab. Taylor wurde von einem stechenden Geruch überwältigt, den er später mit dem Geruch brennenden Gummis verglich. Er bekam kaum noch Luft. Die Kugeln hielten zu beiden Seiten von ihm an, griffen mit ihren

***Unten:** Robert Taylor auf der Waldlichtung, wo er die schockierende Begegnung mit drei mysteriösen Objekten hatte. Sein Chef sagt von ihm: „Bob Taylor ist nicht der Mann, der sich das ausdenkt. Wenn er sagt, daß er von Wesen angegriffen wurde, dann muß da auch irgend etwas gewesen sein." Der Fall wäre jedoch schnell wieder in Vergessenheit geraten, hätte man am Ort der Begegnung nicht Spuren am Boden entdeckt, für die es keine Erklärung gab.*

„Tentakeln" nach seinen Hosenbeinen und zogen ihn zum Raumschiff. Taylor rang nach Atem und versuchte, dem Ziehen der Kugeln Widerstand zu leisten, verlor jedoch das Bewußtsein.

Alarmierende Symptome

Als Taylor wieder zu sich kam, war er allein. Nur Lara saß bellend an seiner Seite. Die seltsamen Objekte waren verschwunden. Als er den Hund ansprechen wollte, merkte er, daß er die Stimme verloren hatte. Er versuchte aufzustehen, mußte jedoch feststellen, daß seine Beine ihn nicht tragen wollten. Der widerliche Geruch lag noch in der Luft. Taylor fühlte sich übel und bemerkte, daß er sich am Kinn verletzt hatte. Außerdem verspürte er Kopfschmerzen im Stirnbereich und starken Durst.

Taylor kroch auf allen vieren etwa 90 Meter auf dem Forstweg zurück, bevor er wieder aufstehen konnte. Mit unsicheren Schritten erreichte er seinen Wagen. Ihm war klar, daß er den Zwischenfall eigentlich über Funk der Forstverwaltung melden müßte, er konnte aber immer noch nicht sprechen. Als er den Wagen wenden wollte, kam er vom Weg ab und blieb im weichen Boden stecken. Also mußte er nach Hause laufen (sein Haus lag näher als die Forstverwaltung), eine Strecke von etwa 1,8 Kilometern Länge. Auf dem Weg dorthin erlangte er seine Stimme wieder. Gegen 11.15 Uhr kam er zu Hause an.

Als Mrs. Taylor ihren Mann mit dem aufgeschlagenen Kinn und den zerrissenen Kleidern sah und ihn murmeln hörte, daß ihn ein Raumschiff angegriffen hätte, wollte sie den Arzt rufen. Doch ihr Mann hielt sie zurück. Er nahm ein Bad und klagte immer noch über den unangenehmen Geruch in der Luft, den seine Frau jedoch nicht wahrnahm. Sie rief Malcolm Drummond, den Leiter der Forstverwaltung, an, der wiederum den Arzt Gordon Adams benachrichtigte. Drummond erreichte als erster das Haus und befragte Taylor noch während er im Bad war. Taylor erklärte, was passiert war, und beharrte darauf, daß auf dem Boden noch Spuren von dem UFO zu sehen sein müßten.

***Oben links und oben rechts:** Die beiden Fotos zeigen die Spuren, die das UFO auf der Waldlichtung zurückgelassen hatte. 40 Löcher waren in zwei gleich großen Kreisen angeordnet. Zwei seltsame parallele Schneisen auf dem grasbewachsenen Boden gaben ebenfalls Fragen auf. Das Gras war niedergedrückt, die Erde darunter jedoch völlig unberührt.*

Dr. Adams untersuchte Taylor, konnte aber keine ungewöhnlichen Verletzungen feststellen. Unter dem Kinn hatte Taylor eine kleine Kratzwunde, eine andere an seinem linken Oberschenkel. Es gab keinerlei Anzeichen für eine Kopfverletzung, obwohl Taylor über starke Kopfschmerzen klagte. Temperatur, Blutdruck und Atmung waren normal. Der Arzt beschloß, Taylor für eine Röntgenuntersuchung und ein psychiatrisches Gutachten in das nahegelegene Krankenhaus von Bangour bringen zu lassen. Zuvor jedoch sollte Taylor Drummond und anderen Mitarbeitern der Forstabteilung den Ort des Geschehens zeigen. Als Taylor seine Kollegen an die Stelle führte, wo er das Objekt gesehen hatte, bemerkten alle die seltsamen Spuren im Gras. Das Gebiet von etwa 7,5 mal 6 Metern wurde sofort abgesperrt und die Polizei informiert.

Im Krankenhaus wartete Taylor, der von seiner Frau begleitet worden war, etwa zwei Stunden, ohne daß ihn ein Arzt untersucht hätte. Da die Taylors geplant hatten, das Wochenende bei Verwandten zu verbringen, und sich Robert Taylor mittlerweile wieder besser fühlte, entschlossen sie sich, unverrichteter Dinge zu gehen.

Die Nachricht von der UFO-Begegnung verbreitete sich in Livingston wie ein Lauffeuer. Schließlich bekam auch die Presse Wind davon, und ganz Großbritannien erfuhr von der UFO-Begegnung, als der *Sunday Express* am 11. November die Geschichte unter der Headline „Forstarbeiter von Außerirdischen angegriffen" veröffentlichte. Eine reißerische Version der Geschichte publizierte die Zeitung *The Sun* am 12. November, wonach „Weltraumgangster" Taylor angegriffen, ihn verletzt und blutend zurückgelassen hätten!

Die polizeilichen Ermittlungen erbrachten sehr bald, daß es keine einfache oder offenkundige Erklärung für die seltsame UFO-Begegnung gab. Es gab keinen Hinweis darauf, daß kürzlich etwa eine militärische Übung in diesem Waldgebiet stattgefunden hätte, wovon die seltsamen Spuren hätten stammen können. Niemand hatte einen Hubschrauber bemerkt, der möglicherweise kurz zuvor auf der Lichtung gelandet wäre und solche Spuren hätte hinterlassen können. Die Polizei konnte keine rationale Erklärung für die Abdrücke geben und auch nicht für die anderen Aspekte von Taylors Bericht. Die Ermittler fanden aber auch keinen Grund, Taylors Ehrlichkeit in Frage zu stellen.

Bei der gerichtsmedizinischen Untersuchung der zerrissenen Kleidungsstücke Taylors warfen einige ungewöhnliche Löcher Fragen auf: die Löcher waren allesamt gleich groß. Es kam die Vermutung auf, daß Taylor auf seinem Nachhauseweg im dichten Gestrüpp gestürzt sei; es zeigte sich jedoch, daß sein Weg gar nicht durch unzugängliches Gelände geführt hat.

Auch die eigenartigen Abdrücke auf dem Boden der Lichtung wurden näher untersucht. Durch all diese Umstände wurde deutlich, daß an jenem Novembertag tatsächlich etwas Außergewöhnliches vorgefallen sein mußte.

Unten: Auf diesem Plan sind die Bodenmarkierungen am Schauplatz der UFO-Begegnung eingezeichnet. Die kreisförmige, gestrichelte Linie zeigt die Größe und Position des UFOs. Jedes kreisrunde Loch geht schräg in die Erde. Auf der Zeichnung sind die Ränder der Löcher als Vollkreis dargestellt, während der sichelförmige Schatten die schräge Vertiefung der Löcher kennzeichnet. Wäre es vielleicht möglich, daß komplizierte elektrische Entladungen derartige Spuren hinterlassen?

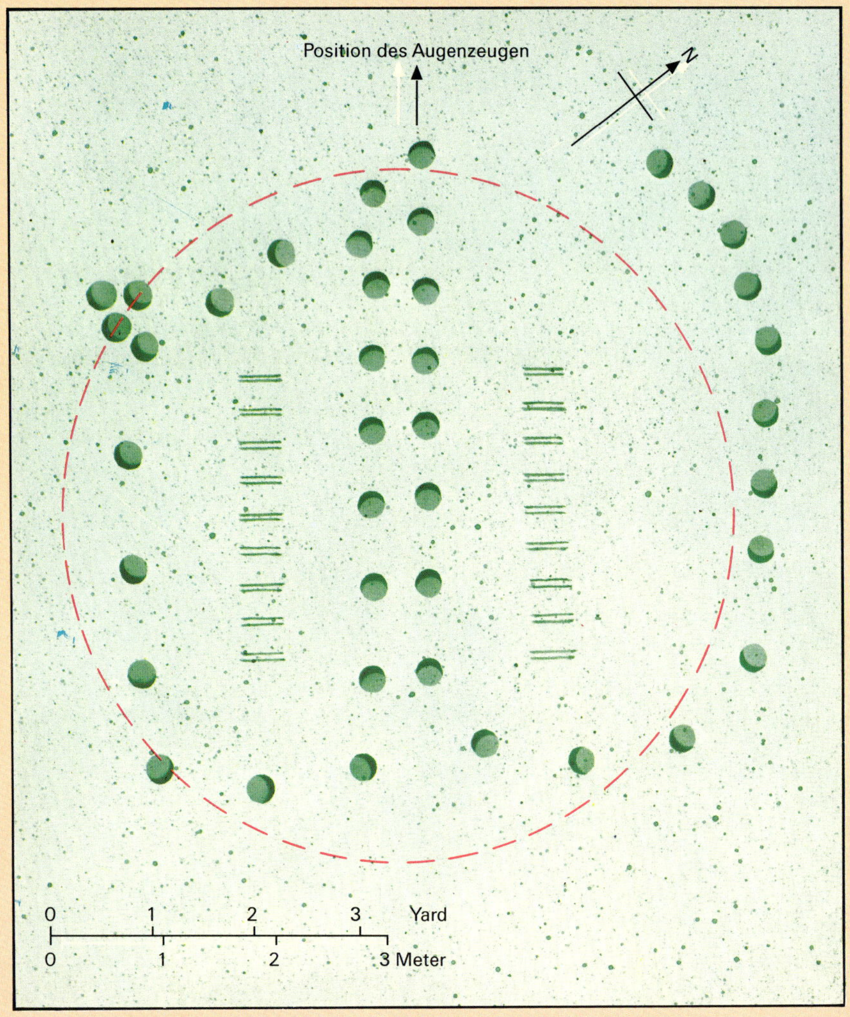

Geheimnisvolle Schneisen

Es gab zwei verschiedenartige Spuren. Zum einen waren da zwei einzelne parallele Schneisen von jeweils etwa 2,5 Metern Länge. In den Schneisen befanden sich zwei bis drei Zentimeter breite und tiefe Abdrücke von etwa 30 Zentimetern Länge. Das Gras zwischen den beiden Schneisen war gleichmäßig plattgedrückt.

Man ging davon aus, daß die Schneisen von einem schweren Objekt – wahrscheinlich von einem flugfähigen, denn die Schneisen begannen und endeten ganz plötzlich – stammten. Entlang der Schneisen befanden sich 40 Löcher, um die herum die Erde freigelegt war. Jedes Loch hatte einen Durchmesser und eine Tiefe von zehn Zentimetern. Die Löcher wiesen einen Winkel von 30° zur Waagerechten im Boden auf. Die genaue Position der Löcher wurde von der Polizei in eine Karte eingetragen. Auf der Karte erkennt man deutlich, daß die Löcher zwei Kreise bildeten: Interessanterweise verlief ein Kreis im Uhrzeigersinn, der andere gegen den Uhrzeigersinn. Zwischen den Schneisen verliefen die Kreise nebeneinander, so daß die Löcher paarweise auftraten.

Obwohl im Oktober in nur 100 Metern Entfernung von der Lichtung Bauarbeiten für eine neue Wasserleitung im Gange waren, konnte geklärt werden, daß die Löcher keinesfalls von diesen Arbeiten stammten. Bodenproben aus den Löchern und der Umgebung der Abdrücke gaben keinerlei Hinweis auf einen ungewöhnlichen Vorfall auf der Lichtung.

Eine genaue zeitliche Überprüfung der Ereignisse an diesem Novembertag ergab, daß Taylor etwa 20 Minuten bewußtlos gewesen sein mußte. Das ist weitaus länger als bei einer einfachen Ohnmacht. Mediziner wiesen die UFO-Forscher darauf hin, daß es nur zwei mögliche Erklärungen gäbe. Entweder hatte Taylor einen Schlaganfall, der zumindest für kurze Zeit einseitige Lähmungserscheinungen bewirkt hätte, oder aber einen epileptischen Anfall erlitten. Mit einem epileptischen Anfall könnte auch die Dauer der Bewußtlosigkeit erklärt werden, da einem solchen Anfall jeweils eine kurze Schlafphase folgt.

Es darf nicht unerwähnt bleiben, daß die Meningitis, die sich Taylor 1965 zugezogen hatte, die Großhirnrinde schädigt und man in Folge zu epileptischen Anfällen neigen kann. Das Elektroenzephalogramm (EEG) von Taylor zeigte eine gesunde Gehirnaktivität. Das allein bewies jedoch wenig, denn nur während und unmittelbar vor und nach einem epileptischen Anfall zeigt das EEG ungewöhnliche Ausschläge.

Es wurden Überlegungen angestellt, daß es sich bei dem seltsamen Objekt um eine von Menschen hergestellte Maschine hätte handeln können, deren Funktion jedoch nicht erklärt werden konnte. Die seltsamen Kugeln seien demnach Roboter gewesen, die aus unerfindlichen Gründen Taylor berührten und dabei seine Kleidung zerrissen: Von der Existenz eines solchen Gerätes oder solcher Roboter ist jedoch nichts bekannt. Ufologen sind sich wiederum sicher, daß das Objekt eindeutig ein außerirdisches Raumschiff war.

Links: Dr. Colin Farrow analysiert mit einer Fluoreszenzanlage die Bodenproben aus der Waldlichtung. Doch konnten keine Unterschiede zwischen den Bodenproben aus den Löchern und denen von anderen Stellen der Lichtung festgestellt werden.

Es gibt aber noch eine andere interessante Erklärungsmöglichkeit. Demnach könnte es sich bei den kugelförmigen Objekten auch um Kugelblitze gehandelt haben. Die dunkle Färbung und die eigenartigen Vorsprünge sind bei Kugelblitzen zwar ungewöhnlich, aber keinesfalls unbekannt. Die gelegentlich beobachteten Vorsprünge – in diesem Fall die „Beine" – könnten die Pole eines achtpoligen magnetischen Feldes gewesen sein. (Das uns bekannte Magnetfeld eines Stabmagneten hat zwei Pole.) Die Löcher im Boden wären dann auf elektrische Entladungen zurückzuführen, vergleichbar den Einschlägen von Blitzen. Und die Schneisen könnten auf ein mächtiges magnetisches Feld verweisen, von dem man annimmt, daß es zusammen mit Kugelblitzen auftritt.

Tatsächlich ist es denkbar, daß Taylor zwischen zwei mächtige Magnetfelder geraten war. Gemeinsam könnten sie ein starkes Feld über sein Gehirn gelegt haben: Obwohl es bisher keine experimentellen Erkenntnisse gibt, die diese Hypothese stützen, scheint es doch wahrscheinlich, daß ein derartiges Feld die normalen elektrischen Abläufe im Gehirn stark stören würde, besonders, wenn das Gehirn bereits durch eine Krankheit geschädigt ist.

Taylors Beschreibung zufolge war das UFO größer als die meisten bisher beobachteten Kugelblitze. Die Fachleute sind sich nicht darüber einig, welche Größe ein Kugelblitz erreichen kann, obwohl einige von einem Durchmesser von sechs bis sieben Metern ausgehen. Der Rand des Objekts war eventuell eine rotationsbedingte Verformung, und die aus dem Rand herausragenden Stiele könnten vom Magnetfluß stammen, der den Kugelblitz mit dem ihn umgebenden Magnetfeld der Erde verband.

An jenem Novembertag gab es in dem Gebiet von Livingston kein Gewitter. Gut belegte Fälle von Kugelblitzsichtungen an gewitterfreien Tagen zeigen aber, daß die Wetterlage nicht unbedingt ein Kriterium für das Auftreten dieser Erscheinung ist. Der Kugelblitz ist ein noch größtenteils unerforschtes Phänomen, könnte aber viele angebliche UFO-Sichtungen erklären – vielleicht sogar Begegnungen der Zweiten und Dritten Art.

"ES WURDEN ÜBERLEGUNGEN ANGESTELLT, DASS ES SICH BEI DEM SELTSAMEN OBJEKT UM EINE VON MENSCHEN HERGESTELLTE MASCHINE HÄTTE HANDELN KÖNNEN, DEREN FUNKTION JEDOCH NICHT ERKLÄRT WERDEN KONNTE."

PERSPEKTIVEN

WECHSELHAFTE KUGEL

Das von Robert Taylor erblickte Objekt erinnert an ein UFO, das vor nicht allzulanger Zeit in Deutschland gesichtet wurde. Ein Spaziergänger bemerkte auf der Straße eine seltsame Kugel, die sich entlang des Straßengrabens bewegte und einmal mit einem Schlauch Boden- oder Wasserproben vom Seitenstreifen entnahm. Dann wurde der Schlauch wieder eingezogen, und die Kugel rollte an dem erstaunten Augenzeugen vorbei in ein Feld und verschwand mit einer so großen Geschwindigkeit im Himmel, daß er sie mit den Augen nicht weiter verfolgen konnte. Das Objekt wies seitlich seltsame „Speichen" auf, die auf die acht Pole eines komplexen magnetischen Feldes schließen lassen, das der Meinung einiger Ufologen zufolge möglicherweise auch für das seltsame Phänomen in Livingston verantwortlich war.

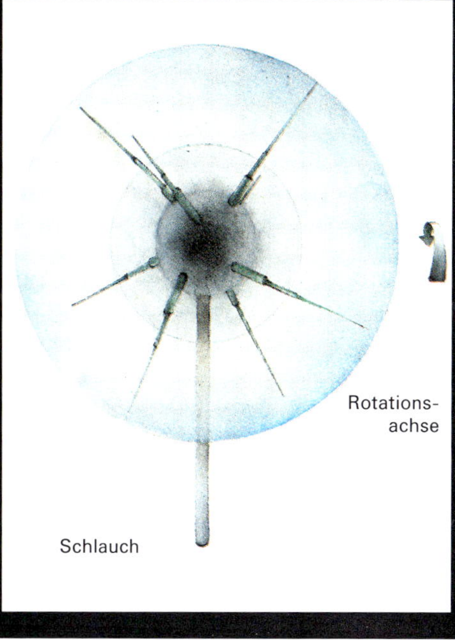

Rechts: Es konnte nicht geklärt werden, ob es sich bei dem in Deutschland beobachteten kugelförmigen Objekt um ein UFO oder ein elektrisches Phänomen gehandelt hat.

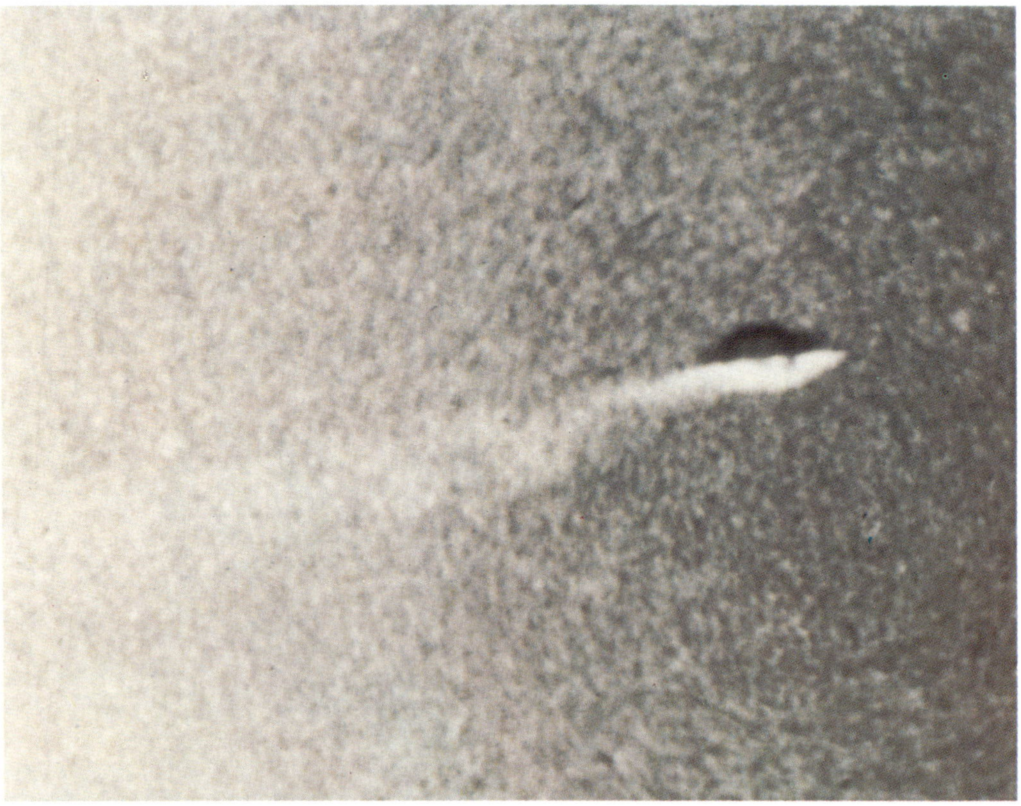

Links: Dieses bei Tageslicht aufgenommene scheibenförmige Objekt zieht ungewöhnlicherweise eine Rauchfahne hinter sich her.

Unten: Bei dem hier abgebildeten Phänomen handelt es sich um einen hell erleuchteten Nachthimmel, der auch „Himmelsglühen" genannt wird. Diese seltsame Erscheinung wird häufig für ein UFO gehalten. Sie wird von der Energie der Atome der oberen Atmosphäre verursacht, aufgenommen über die Sonnenstrahlung.

DIE UFO-CHECKLISTE

Was sollten Sie tun und beachten, wenn Sie unversehens ein unbekanntes Flugobjekt entdecken? An wen könnten Sie sich wenden, wen sollten Sie von dieser Beobachtung informieren?

Im Juli 1978 beobachtete ein Ehepaar in der englischen Stadt Manchester einen leuchtend roten Flugkörper am Himmel, der wie ein Zahnrad aussah. Die beiden älteren Leute hielten ihre seltsame Entdeckung für ein UFO. Da sie sich Gewißheit verschaffen wollten, wandten sie sich an den Astronomen Patrick Moore, den sie aus dem Fernsehen kannten. Leider gerieten sie an die falsche Adresse, da Moore nicht an die Existenz von UFOs glaubt. Er antwortete ihnen, bei der Erscheinung habe es sich vermutlich um einen besonders auffälligen Meteor gehandelt. Die Eheleute gaben sich mit dieser Erklärung zufrieden, bis sie sechs Monate später zufällig im Fernsehen eine Sendung verfolgten, in der eine bekannte UFO-Forscherin auftrat.

Das Ehepaar nahm Kontakt zu der Forscherin auf und teilte ihr die merkwürdigen Beobachtungen mit. Diese kam zu dem Schluß, daß es sich keinesfalls um einen Meteor gehandelt haben konnte, da das Objekt viel zu groß gewesen war. Außerdem war es am hellichten Tag mehrere Minuten lang sichtbar gewesen. Meteore hingegen glühen nur einige Sekunden lang. Das Flugobjekt war also noch immer nicht identifiziert, und nur einem Zufall ist es zu verdanken, daß dieser wertvolle Augenzeugenbericht nicht für immer verloren ging.

Zwei Jahre später sichtete der Kriminaloberwachtmeister Norman Collison aus Manchester auf dem Heimweg vom Dienst in den frühen Morgenstunden fast an derselben Stelle eine seltsame weiße Scheibe am Himmel. Er meldete diesen Vorfall den – wie er meinte – „zuständigen Behörden". Man teilte ihm kühl mit, daß sein Bericht an das Verteidigungsministerium weitergeleitet worden sei. Trotz mehrfachen Nachhakens hörte Collison in dieser Sache jedoch nichts mehr. Daraufhin wandte er sich an die Universität Manchester, von der er aber ebenfalls nur ausweichende Antworten erhielt. Als er um die Adresse der nächsten Ufologenvereinigung bat, wurde ihm von „solchen Scharlatanen" abgeraten. Dank hartnäckiger Bemühungen gelang es Collison dennoch, mit einer solchen Gruppe in Kontakt zu treten. Die Verbindung mit diesen Forschern entwickelte sich so intensiv, daß er schließlich selbst zu einem eifrigen Ufologen wurde.

Beide Beispiele zeigen, wie wichtig es ist, an wen man sich nach einem UFO-Erlebnis wendet. Und nicht weniger unbedeutend ist es zu wissen, was man außerdem tun sollte.

Verhaltensmaßregeln

Wenn Sie meinen, ein UFO gesehen zu haben, versuchen Sie, weitere Zeugen zu finden. Diese können vielleicht Ihre Beobachtungen erhärten oder auch eine Erklärung dafür liefern, falls es sich doch um ein identifizierbares Flugobjekt handelt.

Versuchen Sie, darauf zu achten, was um Sie herum vorgeht. Es ist wichtig, möglichst genau festzuhalten, wo und unter welchen Umständen das Objekt gesichtet wurde. So können zum Beispiel Hundegebell oder das plötzliche Verstummen der Vögel wichtige Hinweise sein. Wenn Sie eine Kamera zur Hand haben, sollten Sie das Geschehen unbedingt photographieren. Viele, die ein UFO sichten, sind von dem Ereignis so überwältigt, daß sie einfach vergessen, eine Aufnahme zu machen. Wenn es dunkel ist, wählen Sie eine möglichst lange Belichtungszeit, etwa eine Sekunde. Auch wenn das Objekt so hell leuchtet, daß es Ihnen eigentlich nicht angebracht erscheint.

Falls Sie im Auto sitzen sollten, schalten Sie die Zündung und das Radio ein. Aus zahlreichen Berichten geht hervor, daß UFO-Erscheinungen elektrische Anlagen stören können. Eine genaue Überprüfung wäre für die Identifikation eines solchen Objektes also von Vorteil.

Partikel im Auge

Versuchen Sie einen kühlen Kopf zu bewahren und, noch während Sie die Erscheinung am Himmel beobachten, rasch ein paar Experimente durchzuführen: Drehen Sie den Kopf hin und her und achten Sie darauf, ob sich dadurch etwas an Ihrer Wahrnehmung ändert. So kommen Sie dem häufig geäußerten Einwand zuvor, daß es sich lediglich um Partikelchen im Auge gehandelt habe. Sollte das UFO nichts anderes sein als ein solcher Fremdkörper in Ihrem Auge, so würde es sich entsprechend Ihrer Blickrichtung mitbewegen.

Versuchen Sie dann, das UFO durch Ihre Willenskraft in eine bestimmte Richtung zu lenken! Das mag seltsam klingen, aber es gibt durchaus ernstzunehmende Annahmen, daß UFOs mit übersinnlichen Phänomenen in Zusammenhang stehen.

Rechts: UFOs werden von Augenzeugen meist als viel komplexer beschrieben, als sie in Wirklichkeit sind. Die hier abgebildete detailreiche Zeichnung, die weit über die Darstellung einer einfachen „Fliegenden Untertasse" hinausgeht, wurde nach mehrfacher Beobachtung eines UFOs angefertigt. An wie viele Einzelheiten würden Sie sich erinnern, wenn Sie selbst dieses unbekannte Flugobjekt hätten vorbeirasen sehen? Versuchen Sie, es nach 24 Stunden aus der Erinnerung nach zuzeichnen, und überprüfen Sie, wie viele Einzelheiten Sie sich gemerkt haben.

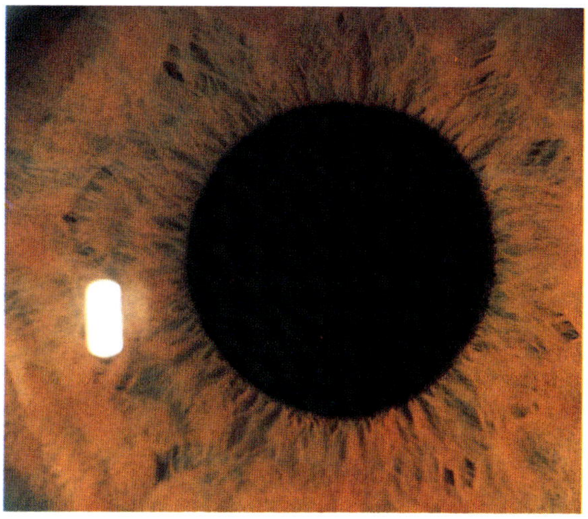

Rechts: Einer Theorie zufolge werden solche Partikelchen im Auge manchmal mit UFOs verwechselt.

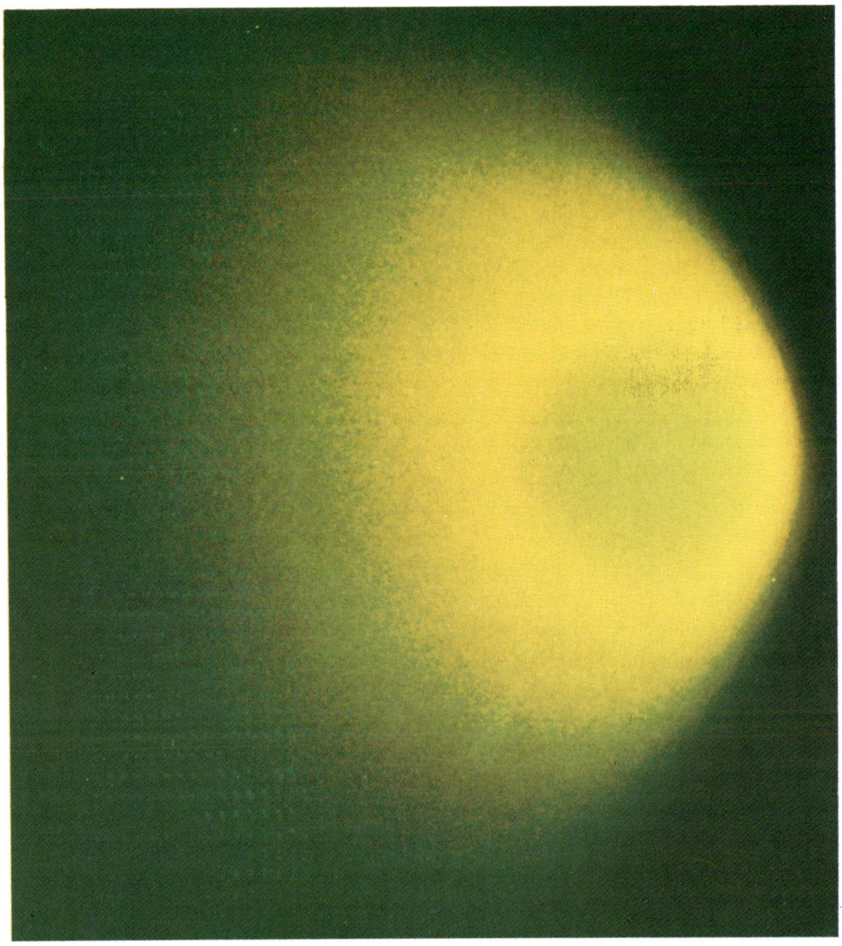

Das unheimliche Licht wird von einer Barium-Wolke ausgesandt. Die NASA unternahm in den frühen siebziger Jahren zahlreiche solcher Versuche in der Atmosphäre, um damit die elektrischen und magnetischen Felder der Erde zu untersuchen. Institutionen wie die NASA bestreiten im allgemeinen die Existenz von UFOs. Und oft gelingt es ihnen auch, seltsame Phänomene am Himmel als bekannte Erscheinungen zu identifizieren.

Wenn dem so ist, müßte es eventuell auch möglich sein, diese Flugobjekte durch geistige Kräfte zu beeinflussen.

Da UFO-Erscheinungen meist nur kurze Zeit andauern, hat es wenig Sinn, jemanden telefonisch zu benachrichtigen, damit auch er das Phänomen sieht. Sinnvoller ist es, die Zeit zu nutzen und sich möglichst viele Einzelheiten einzuprägen. Diese Fähigkeit können Sie erlernen. Üben Sie Ihre Beobachtungsgabe und Ihre Erinnerungsfähigkeit. Sehen Sie sich zum Training das auf der vorigen Seite abgebildete UFO eine Minute lang an. Versuchen Sie nach einer Stunde, es aus dem Gedächtnis nachzuzeichnen. Wiederholen Sie dieses Experiment mit den anderen UFO-Abbildungen, wobei Sie die Zeit zwischen der Betrachtung der Vorlage und Ihrer Wiedergabe allmählich von einer Stunde auf eine Woche verlängern.

Wenn die UFO-Erscheinung wieder verschwunden ist, sollten Sie zwar nach anderen Augenzeugen suchen, sich aber nicht über Einzelheiten des Gesehenen unterhalten. Tauschen Sie lediglich Ihre Adressen und Telefonnummern aus, wie Sie das auch bei einem Autounfall tun würden, und einigen Sie sich, wer den Vorgang weitermeldet und an wen. Verabreden Sie schließlich, daß jeder sofort eine Zeichnung des Flugobjekts anfertigt und es außerdem mit eigenen Worten beschreibt. Daß dies unabhängig voneinander geschieht, ist besonders wichtig, weil man sich sehr leicht unbewußt von den Aussagen anderer beeinflussen läßt.

Wen sollten Sie nun informieren? Überlegen Sie genau, welche der bestehenden Möglichkeiten für

„DAS FLUGOBJEKT WAR WAHRSCHEINLICH EIN UFO, UND NUR EINEM ZUFALL IST ES ZU VERDANKEN, DASS DIESER WERTVOLLE AUGENZEUGENBERICHT NICHT FÜR IMMER VERLOREN GING."

Ihren Fall die beste ist. Am naheliegendsten ist natürlich eine Meldung bei der Polizei, die wahrscheinlich pflichtgemäß Ihrem Bericht nachgehen wird. Außer in Frankreich und den USA, wo es bestimmte Standardverfahren für solche Fälle gibt, wird man jedoch nicht viel für Sie tun können.

Meldung bei der Polizei?

Obgleich derartige Anzeigen zuweilen auch an das Verteidigungsministerium weitergegeben werden, ist doch eher anzunehmen, daß Ihr Bericht bei der Polizeiwache liegenbleiben wird, da man dort in der Regel solche Meldungen wenig ernst nimmt. In jedem Fall sollten Sie jedoch die Polizei benachrichtigen, wenn Sie glauben, daß das von Ihnen gesichtete Flugobjekt gelandet ist. So ließe sich möglicherweise wertvolles Material sichern.

Eine andere Einrichtung, der Sie Ihren Bericht vorlegen könnten, ist der nächste Zivil- oder Militärflugplatz. Erwarten Sie jedoch auch von dieser Seite keine allzu große Unterstützung. Ihre Beobachtung müßte schon äußerst dramatisch klingen, damit die Behörden Maßnahmen einleiten würden. Das Flughafenpersonal könnte Ihnen selbstverständlich Auskunft erteilen, ob zum Zeitpunkt und am Ort Ihrer Entdeckung auf dem Radarschirm ein seltsames Flugobjekt registriert wurde. In der Praxis werden aber Nachrichten über nicht identifizierte Eindringlinge in den Luftraum gewöhnlich geheimgehalten und nur dem Verteidigungsministerium gemeldet. Dieses stellt dann seine eigenen Untersuchungen über solche Vorfälle an.

Widerstehen Sie der Versuchung, sich gleich an die Medien zu wenden. Diese werden sich für Ihre Geschichte nur dann interessieren, wenn die Story ihnen „in den Kram paßt"; das hängt weniger von der Glaubwürdigkeit Ihrer Beobachtung ab, sondern leider vor allem davon, wie ausgelastet die jeweilige Redaktion ist.

Wissenschaftliche Beurteilung

Das Vernünftigste ist es, so schnell wie möglich Verbindung zu einem UFO-Forscher aufzunehmen. Als Spezialist wird er Ihnen helfen können, Ihre Beobachtung so niederzulegen, daß man sie einer wissenschaftlichen Beurteilung unterziehen kann.

Um Ihnen die Auswahl solcher Experten zu erleichtern, finden Sie im Anschluß an diesen Artikel eine Liste verläßlicher UFO-Forschungsorganisationen. Sollte unter den angeführten Institutionen Ihr Land nicht vertreten sein, dann wenden Sie sich bitte an die unten angegebene britische Adresse. Alle hier verzeichneten Organisationen arbeiten mit der internationalen UFO-Fachzeitschrift *Flying Saucer Review* zusammen, die in über 60 Ländern erhältlich ist. Die Zeitschrift wird Ihren Bericht gerne an seriöse UFO-Forscher in Ihrer Heimat weitergeben.

Im Blickpunkt

Testen Sie Ihr Erinnerungsvermögen

Wie bereits erwähnt, ist es von außerordentlicher Wichtigkeit, sich nach einer Begegnung mit einem UFO so viele Details wie möglich in Erinnerung zu rufen. Versuchen Sie also folgendes: Betrachten Sie etwa zehn Sekunden das Bild links auf dieser Seite. Zeichnen Sie es nun aus der Erinnerung nach. Wahrscheinlich werden Sie entdecken, daß Ihr Versuch eine von dem Originalbild weit entfernte Wiedergabe ist.
Vielleicht halten Sie diese Übung für sinnlos. Denn sicher sind auch Sie der Meinung, daß die Begegnung mit UFOs einen derart außergewöhnlichen Eindruck hinterläßt, daß er nicht mehr aus der Erinnerung gelöscht werden kann.
Zahlreiche Erfahrungen mit Augenzeugen von Unfällen oder Verbrechen – und auch das sind ja keine alltäglichen Beobachtungen – haben aber ergeben, daß das, was die Augenzeugen gesehen haben, meist nicht mit ihrer Erinnerung übereinstimmt.
Der Wahrnehmungsmechanismus der Menschen ist so verschieden wie ihre Persönlichkeit. Männer zum Beispiel werden sich wohl eher an das Aussehen des jungen Mädchens auf dem Bild erinnern. Frauen wird vorwiegend die Kleidung im Gedächtnis bleiben. Unser Erinnerungsvermögen hängt natürlich auch von unseren persönlichen Interessen, Erfahrungen und Sehgewohnheiten ab. Menschen, die die Art Straßenlaterne, wie Sie auf dem nebenstehenden Photo im Hintergrund abgebildet ist, nicht kennen, werden sie beim Betrachten des Bildes eher registrieren und sich später auch eher an sie erinnern als an andere mögliche Details. So wird es auch viele geben, die beim ersten Blick – oder sogar nach längerem Hinsehen – auf dem Bild kein UFO erkennen. Wieviel konnten Sie sich merken?

Sie können sich darauf verlassen, daß Ihre Angaben von diesen Wissenschaftlern streng vertraulich behandelt und nach standardisierten Methoden erfaßt werden. Man wird Ihnen einen Fragebogen zuschicken, den Sie genau ausfüllen müssen. Möglicherweise bitten die Forscher-Teams Sie auch, ihnen Ihre Beobachtungen persönlich zu schildern.

Falls Sie wirklich einmal einem UFO begegnen, werden Sie sicher sehr aufgeregt sein und sich wahrscheinlich nicht gleich an unsere Ratschläge erinnern können. Vielleicht geraten Sie bei dieser außergewöhnlichen Erscheinung sogar in Panik. In jedem Fall sollten Sie aber versuchen, Ruhe zu bewahren und zumindest einige der von uns vorgeschlagenen Verhaltensregeln zu befolgen. Denken Sie daran: Ihre Schilderung kann der Wissenschaft nützlich sein und zur Klärung des Phänomens der UFOs beitragen. Doch nur möglichst detaillierte, authentische und bestätigte Berichte ermöglichen es den Forschern, mehr Kenntnisse über diese geheimnisvollen Erscheinungen zu gewinnen.

UFO-ORGANISATIONEN

WENN SIE ÜBERZEUGT SIND, EIN UFO GESICHTET ZU HABEN, WENDEN SIE SICH AN EINE DER FOLGENDEN ADRESSEN. DETAILLIERTE FRAGEBÖGEN WERDEN IHNEN HELFEN, SICH AN DIE EINZELHEITEN IHRES ERLEBNISSES ZU ERINNERN.

ENGLAND
British UFO Research Association
16 Southway
Burgess Hill
Sussex RH15 9ST

Flying Saucer Review
PO Box 162
High Wycombe
Bucks HP13 5DZ
ENGLAND

DEUTSCHLAND
Journal für UFO-Forschung
Postfach 2361
D-5880 Lüdenscheid 1

USA
MUFON
103 Oldtowne Road
Seguin
Texas 78155
USA

AUSTRALIEN
ACUFOS
Box 728
Lane Cove
NSW 2066
AUSTRALIEN

UFO BILDARCHIV

Links: Dieses Photo hat Seltenheitswert: Es ist eine der wenigen Nachtaufnahmen, die mehr als nur einen vagen Lichtschein erkennen lassen. Das UFO wurde am 2. August 1965 von einem 14jährigen Zeitungsjungen in Tulsa, Oklahoma (USA), aufgenommen. Viele Augenzeugen beobachteten das Phänomen und berichteten, die anfangs dreifarbigen Lichter wären allmählich zu einem einheitlichen bläulichgrünen Schein verschmolzen. Wie das „Condon Committee" der Universität von Colorado bestätigte, zeigt das Photo ein großes Objekt am Himmel. Der dunkle Streifen zwischen den hellen Flecken ist ein Teil des UFOs. Die US-Luftwaffe mutmaßte, das Photo zeige entweder ein echtes UFO – oder eine dreifarbige Christbaumbeleuchtung! Demgegenüber sieht die UFO-Organisaton „Ground Saucer Watch" in dem Photo einen Beweis für die Existenz von UFOs.

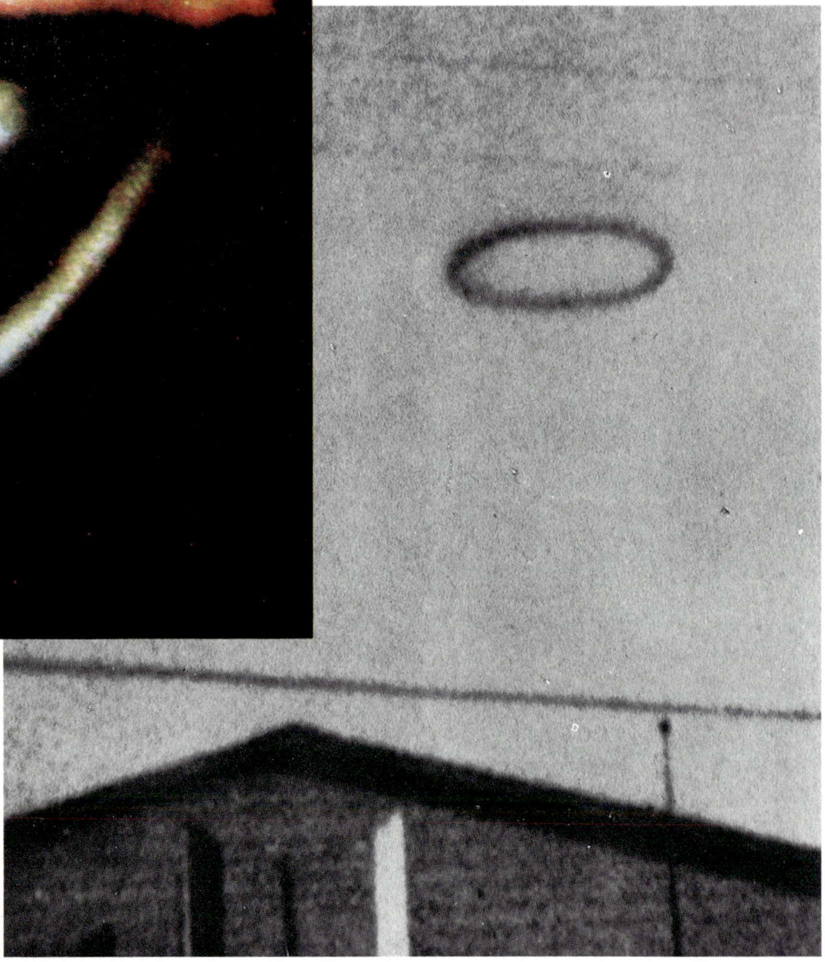

Rechts: An einem Septembertag des Jahres 1957 gegen neun Uhr morgens wurde dieses ringförmige Objekt über Fort Belvoir, Virginia (USA), gesichtet. Es wirkte wie feste Materie, pechschwarz und ohne jeden Reflex; der Durchmesser betrug etwa 18 Meter. Der Ring hüllte sich allmählich in schwarzen Rauch, bis er völlig verschwunden war. Dem „Condon Committee" zufolge handelte es sich um „die Demonstration einer Atombombensimulation, wie sie zu dieser Jahreszeit in Fort Belvoir häufig durchgeführt wird".

Links: Ein Standphoto aus einem Film, den Ralph Mayher am 29. Juli 1952 in Miami, Florida (USA), drehte. Mit Hilfe der Computeranalyse gelangte die UFO-Organisation „Ground Saucer Watch" zu dem Schluß, daß es sich wohl nicht um eine Fälschung, sondern um eine echte Aufnahme handelt, die ein neun bis zwölf Meter langes Flugobjekt zeigt. Mr. Mayher gab an, es sei langsamer als ein herabstürzender Meteorit über den Ozean davongeflogen. Um der mysteriösen Erscheinung auf den Grund zu gehen und herauszufinden, was er mit seiner Kamera eigentlich eingefangen hatte, übergab Mr. Mayher seinen Film der US-Luftwaffe. Er erhielt ihn nicht mehr zurück. Glücklicherweise hatte Mr. Mayher die Möglichkeit, daß sein Film „verlorengehen könne", vorausgesehen und einen nicht unbedeutenden Teil des Films abgeschnitten. Das hier abgebildete Photo ist eines dieser Serie.

Oben: Dieses Photo, das angeblich eine fliegende Untertasse über Venezuela zeigt, ist ein Scherz eines Ingenieurs aus Caracas. Er legte das Photo eines Knopfes auf eine vergrößerte Luftaufnahme und fotografierte das Ganze ab; der Schatten des angeblichen UFOs wurde beim Entwickeln eingeätzt.

Rechts: Dieses nach Angaben der „Ground Saucer Watch" wahrscheinlich echte Photo, schoß am frühen Nachmittag des 8. Mai 1966 James Pfeiffer, Manager einer Fluggesellschaft, im brasilianischen Ipameri. Das Flugobjekt wurde von vielen Zeugen wahrgenommen. Eine von „Ground Saucer Watch" durchgeführte Computeranalyse ergab, daß das Flugobjekt sich etwa 400 Meter von der Kamera entfernt in 50 bis 70 Meter Höhe befand. Die Zeugen sagten übereinstimmend aus, sie hätten erst ein dumpfes Geräusch und dann ein schrilles Heulen gehört, als das Objekt den Fluß überflog. Dort hätte es die Bäume gestreift, bevor es endgültig verschwand; tatsächlich fand man bei einer näheren Untersuchung der fraglichen Stelle abgebrochene Zweige.

VOGEL, FLUGZEUG – ODER UFO?

Unheimliche Lichter am nächtlichen Himmel, seltsame silbrige Scheiben, die in der Sonne aufblitzen – so werden UFOs in Sichtungsberichten meist beschrieben. Oft finden sich dafür jedoch ganz einleuchtende Erklärungen. Wie aber unterscheidet man ungewöhnliche Objekte am Himmel von wahren UFOs?

Am 31. Dezember 1978 trauten zwei Polizeibeamte in der englischen Grafschaft Hertfordshire ihren Augen kaum: Über ihren Köpfen glitt lautlos ein zigarrenförmiges, silbriges Objekt hinweg, das schimmernde, orangefarbene Streifen nach sich zog. Das seltsame Ding verschwand langsam aus der Sichtweite, und als sich die beiden Polizisten von ihrem Schrecken wieder erholt hatten, erstatteten sie sofort Meldung bei ihrer Dienststelle.

Zu diesem Zeitpunkt wußten die Polizisten noch nicht, daß außer ihnen hunderte von Menschen, darunter Flugzeugpiloten und sogar die Küstenwache das gleiche Objekt an verschiedenen Stellen über England gesichtet hatten. Viele glaubten an einen Zusammenhang mit den Erscheinungen, die ein Fernsehteam tags zuvor vor der Küste Neuseelands aufgenommen hatte.

***Oben:** Allan Hendry ist der Verfasser des UFO-Handbuchs, das inzwischen zum Klassiker geworden ist.*

***Unten:** Die Reibungshitze beim Eintauchen in die Erdatmosphäre läßt die von einem Mondflug zurückkehrende Weltraumkapsel Apollo 11 hell aufscheinen. Auch Trümmerteile von Satelliten und anderen Raumschiffen, die in der Erdatmosphäre verglühen, bieten ein ähnliches Schauspiel und werden aufgrund ihrer Seltenheit häufig für UFOs gehalten.*

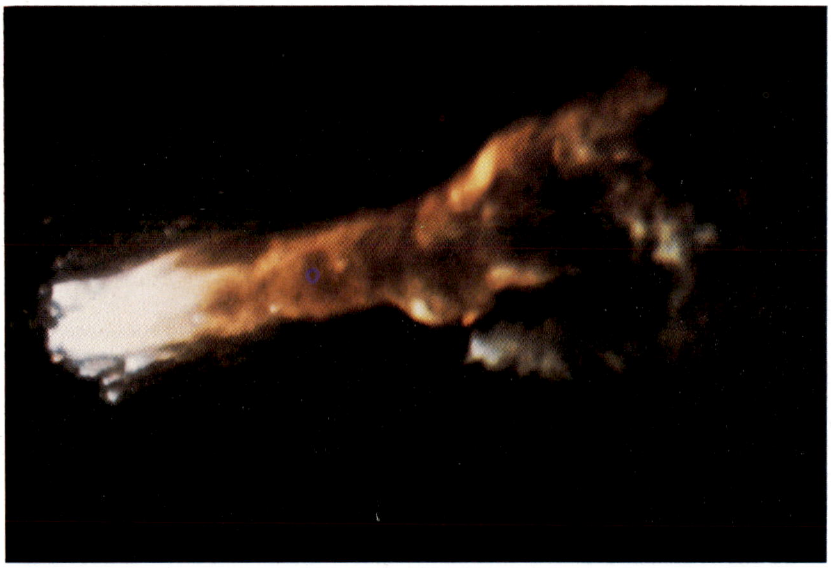

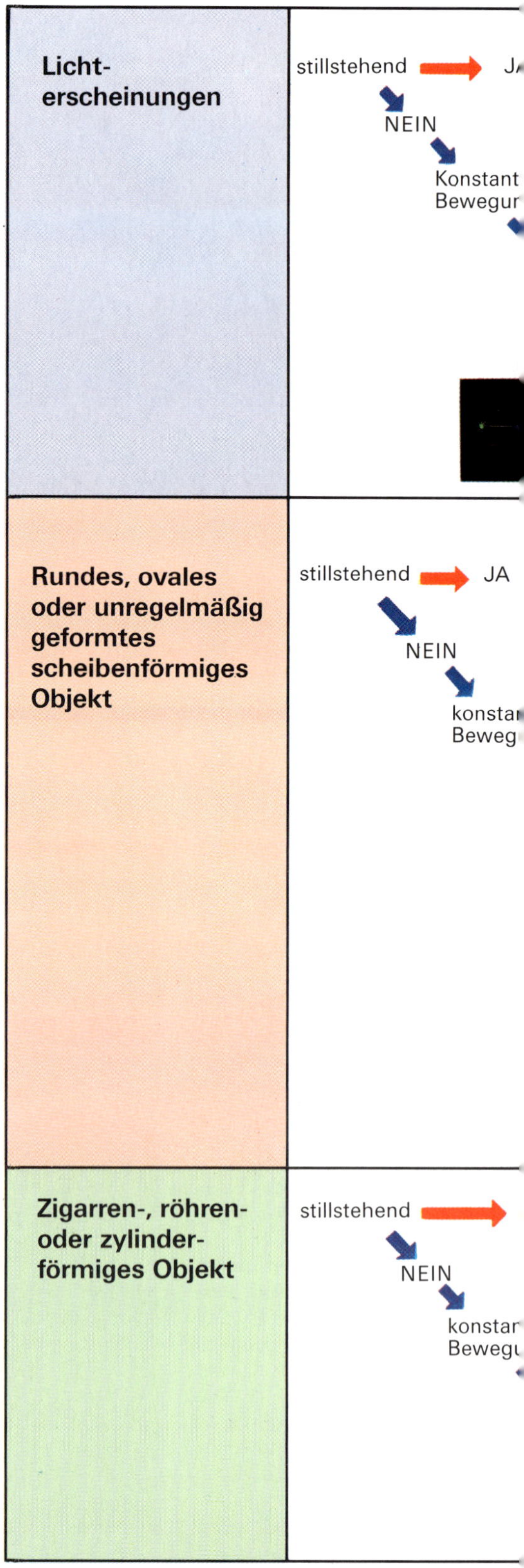

Unten: Wenn Sie glauben, ein UFO gesichtet zu haben, sollten Sie einen Blick auf dieses Schaubild werfen. Es enthält die drei Hauptkategorien künstlicher und natürlicher Objekte, die häufig mit UFOs verwechselt werden, und kann Ihnen bei der Identifizierung helfen.

Dreißig Jahre zuvor hatte man an einem Nachmittag im Januar ein eigenartiges Licht beobachtet, das mehrere Stunden über dem Godman-Flughafen im amerikanischen Bundesstaat Kentucky schwebte. Als eine Staffel von F-51-Jägern routinemäßig das Gebiet überflog, erklärte sich der Kommandant Captain Thomas Mantell sofort bereit, seine Pläne zu ändern, um dem glitzernden Himmelsobjekt nachspüren zu können. Nach und nach mußten die Piloten aber wieder abdrehen, da sie nicht die nötige Sauerstoffausrüstung für Flüge in so großer Höhe besaßen. Nur Mantell setzte die Verfolgung fort. In 7000 Meter Höhe meldete er, ein metallenes Objekt gesichtet zu haben, das sich schräg über ihm befände. Wenige Minuten später fand man nur noch die Wrackteile seines Flugzeugs, die über das ganze Gebiet verstreut waren. Dem Unfallbericht zufolge, der damals erstellt und bis heute nicht widerlegt wurde, war Mantell von einem UFO abgeschossen worden.

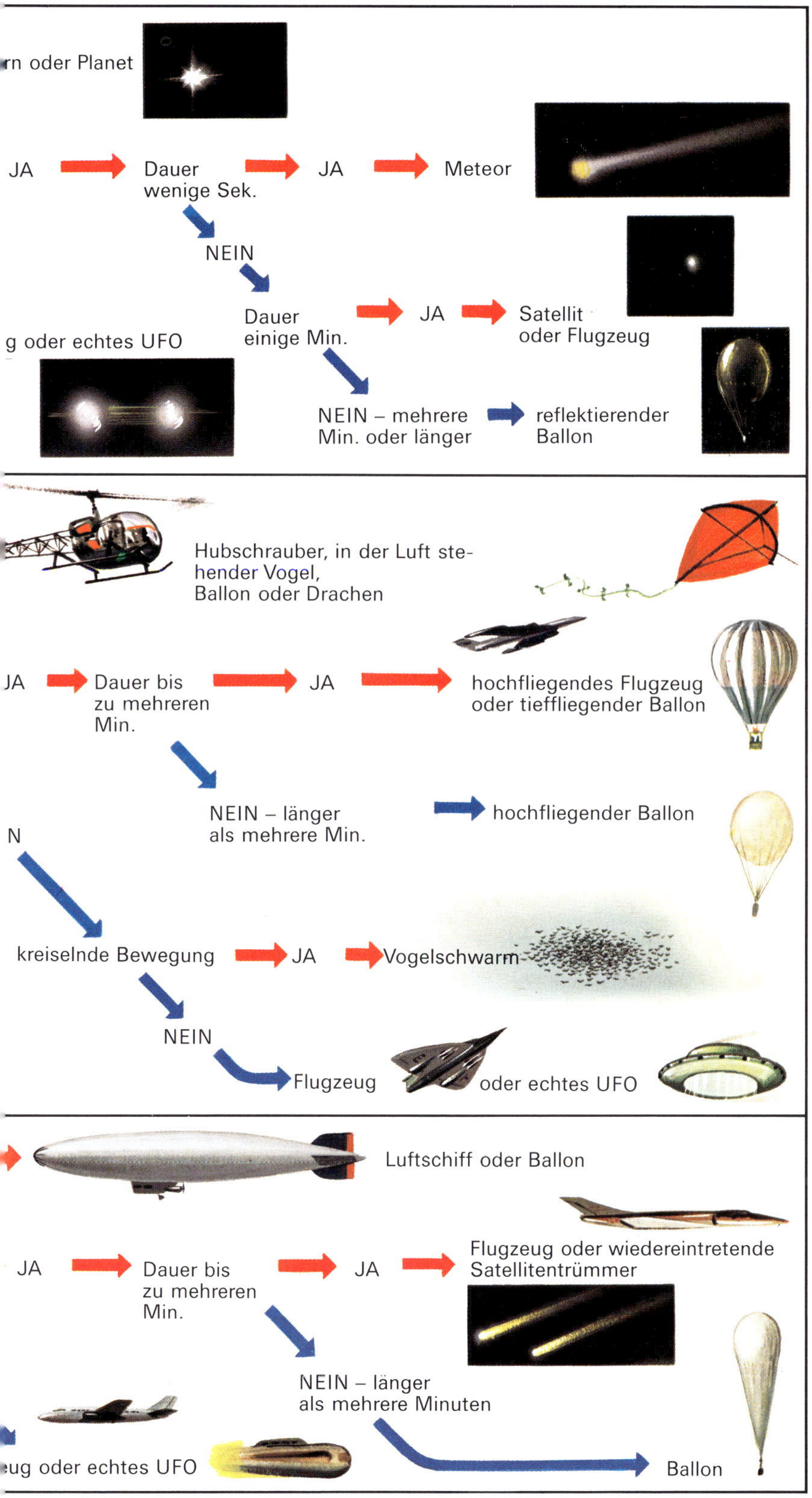

Bei näherer Untersuchung stellt sich jedoch meist heraus, daß es für solche Fälle fast immer eine natürliche Erklärung gibt. Eigenartige Objekte am Himmel können, besonders wenn sie nachts in einer verlassenen Gegend gesichtet werden, bei dem Beobachter Schockreaktionen auslösen. So sperrte sich einmal eine Frau völlig verstört in ihrem Schlafzimmer ein und versteckte sich eine Stunde lang unter ihrem Bett, nur weil sie einen leuchtenden Stern für ein UFO gehalten hatte.

Der amerikanische Ufologe Allan Hendry berichtet von einem Mann, der beim Anblick eines Flugzeugs, das er wegen seiner Lichter als UFO ansah, derart in Panik geriet, daß er die Haustür seines Nachbarn aus den Angeln riß. So wunderlich diese Geschichten auch klingen mögen, es wäre doch falsch, diese Menschen als Hysteriker abzutun.

Der Begriff „UFO" wird normalerweise nur für ein Objekt verwendet, das nach eingehender Untersuchung nicht identifiziert werden kann. Andernfalls spricht man von einem „IFO" – einem identifizierbaren Flugobjekt.

Unterscheidungsmerkmale

Ufologen unterteilen die UFO-Sichtungsberichte in verschiedene Kategorien, von denen zwei die häufigsten darstellen: „low-definition" und „medium-definition", etwa „wenig" und „halbwegs präzis".

Bei „low-definition"-Beobachtungen, die 45 Prozent aller Fälle ausmachen, handelt es sich um Lichterscheinungen oder formlose Phänomene am Himmel. Die Farbe des Lichts ist von untergeordneter Bedeutung. Meist ist von Weiß die Rede, aber es kommen auch andere Farben vor. Eine dünne Wolkenschicht oder Rauchschwaden in der Atmosphäre können zudem die eigentliche Tönung eines Objekts verändern. Sichtet man also ein Licht am Himmel, von dem man nicht weiß, woher es kommt, kann man folgendes tun:

Achten Sie zuerst darauf, ob es sich bewegt oder an der gleichen Stelle verharrt. Bewegt es sich nicht, handelt es sich meist um einen Stern oder einen Planeten. Gestirne werden häufig mit UFOs verwechselt. Natürlich stehen sie nicht still, aber ihre Bewegung ist so langsam, daß sie sich nur über Stunden verfolgen läßt. Sieht man daher ein eigenartiges Licht am Nachthimmel, das offensichtlich stundenlang an der gleichen Stelle leuchtet, hat man es höchstwahrscheinlich mit einem Stern zu tun. Wer besonders genau sein will, holt sich am besten eine Sternkarte und vergleicht die Position.

Die Venus, das hellste Gestirn am Nachthimmel, steht zu bestimmten Jahreszeiten der Erde sehr nahe und bietet sich besonders für Verwechslungen an. Selbst am Tag ist sie für den geschulten Beobachter als heller weißer Fleck wahrnehmbar. Oft gibt es jedoch gute Gründe, warum ein Stern oder ein

kennen. Direkt auf den Beobachter gerichtet, können sie lange Zeit scheinbar stillstehen, um dann in bunte Lichtpunkte auseinanderzufallen, wenn die Positionslampen sichtbar werden. In vielen Ländern werden Flugzeuge auch zu Reklamezwecken verwendet. Mit Hilfe elektronischer Lichter strahlen sie eine computergesteuerte Nachricht aus. Meist fliegen die Flugzeuge sehr langsam, damit man die Werbeschrift auch lesen kann. Von einem bestimmten Winkel aus gesehen, können diese Lichter jedoch sehr eigentümliche Effekte erzeugen.

Lautloses Lichterspiel

Flugzeuge – ganz zu schweigen von Hubschraubern – sind zudem ausgesprochen wendig, und so kann es vorkommen, daß man keinen steten Kurs wahrnimmt, sondern die „mysteriösen" Lichter plötzlich die Richtung wechseln, mal langsamer, mal schneller werden oder vielleicht sogar ganz anhalten sieht. Der Wind trägt den Motorenlärm zudem vielleicht in eine andere Richtung, so daß der verblüffte Planet nicht sofort als solcher erkannt wird. Häufig liegt es an optischen Täuschungen oder dem Phänomen der sogenannten Autokinese (= scheinbare Eigenbewegung), die den Eindruck entstehen läßt, als ob Sterne ziellos am Himmel dahinschießen.

Charakteristische Flugmuster

Bewegt sich das Licht, sollte man sein Flugmuster studieren – folgt es einem steten Kurs, schwebt es auf und ab oder wechselt es plötzlich die Richtung? Eine gleichbleibende Flugbahn kann auf verschiedene Dinge hindeuten. Genaueres läßt sich gewöhnlich bei Bewertung der Dauer der Erscheinung sagen. Ist diese sehr kurz, kann es sich um einen Meteor handeln, der beim Eintritt in die Erdatmosphäre verglüht. Meteore leuchten für ein bis zwei Sekunden auf und ziehen einen Lichtschweif hinter sich her. Manchmal sind die Meteore etwas größer und brauchen daher länger, um zu verglühen. Dabei kommt es zu dem Phänomen, das als „Bolid" oder Feuerkugel bezeichnet wird – ein helles Licht, das bis zu zehn Sekunden lang sichtbar bleibt und meist von einem grollenden oder zischenden Laut begleitet wird. Boliden können ebenfalls, wenn auch selten, bei Tage gesichtet werden.

> " DER BEGRIFF ‚UFO' WIRD NORMALERWEISE NUR FÜR EIN OBJEKT VERWENDET, DAS NACH EINGEHENDER UNTERSUCHUNG NICHT IDENTIFIZIERT WERDEN KANN. ANDERNFALLS SPRICHT MAN VON EINEM ‚IFO' – EINEM IDENTIFIZIERBAREN FLUGOBJEKT. "

Diesem Vorgang ähnelt der Wiedereintritt eines Satelliten in die Erdatmosphäre, der gleichfalls häufig mit UFOs verwechselt wird. Um unseren Planeten kreisen hunderte von künstlichen Satelliten. Viele davon sind zu klein, als daß wir sie überhaupt sehen könnten, andere jedoch erscheinen mehrere Minuten lang als leuchtende Punkte am Himmel. Tritt ein Satellit in die Erdatmosphäre ein, bietet sich dem Beobachter ein atemberaubender Anblick. Die einzelnen Teile leuchten, wenn sie verglühen, in den verschiedensten Farben auf und hinterlassen in der äußeren Atmosphäre eine Lichtspur, die etliche Minuten lang anhalten kann. Einige Teile, die nicht vollständig verglüht sind, schlagen auf der Erde auf – wie etwa beim amerikanischen Weltraumlabor Skylab, das im Juli 1979 in Westaustralien niederging.

Die häufigste natürliche Ursache für vermeintliche UFOs sind jedoch Flugzeuge, deren Beleuchtung vielfältige Effekte am dunklen Himmel auslösen kann. Helle Suchscheinwerfer am Bug lassen sich aus einer Entfernung von mehreren Kilometern er-

***Oben links:** Diese unregelmäßigen, ungewöhnlichen Silhouetten vor der Sonne lassen sich nicht immer so leicht als Hubschrauber identifizieren.*

***Links:** Der aufsehenerregende Komet Ikeja-Seki war 1965 zu beobachten. Wie viele andere Himmelskörper – darunter Sterne und Planeten – wurde auch er für ein UFO gehalten.*

Beobachter nur ein lautloses Lichterspiel wahrnimmt, das ihm ungewöhnlich vorkommt.

Diese Erscheinungen sind nur in der Nacht wahrzunehmen. Bei Tag wird ein anderes Flugobjekt oft mit einem UFO verwechselt. Wetterbeobachtungsstationen lassen regelmäßig Ballons aufsteigen, um die Windrichtung festzustellen oder Meßinstrumente in die oberen Luftschichten zu transportieren. Wenn der Ballon in großer Höhe dahintreibt, reflek-

> „DIE BELGISCHE LUFTWAFFE STAND DREI NÄCHTE HINTEREINANDER IN ALARMBEREITSCHAFT… DAS UFO WURDE ÖFTERS VOM BODEN AUS GESICHTET, DOCH JEDES MAL ERREICHTE DAS FLUGZEUG ES ZU SPÄT. [ES] SCHIEN KNAPP ÜBER DIE DÄCHER ZU SCHWEBEN, ZU TIEF, UM VON EINEM FLUGZEUG ERFASST WERDEN ZU KÖNNEN."
>
> **The Financial Times, 1990**

tiert seine glatte Oberfläche das Sonnenlicht. Von der Erde aus gesehen, kann der silbrige Punkt als rundes oder kegelförmiges Flugobjekt erscheinen.

Bei „medium-definition"-Beobachtungen ist hingegen immer eine deutliche Form erkennbar. Diese Sichtungen machen 35 Prozent aller Fälle aus und spielen sich meist tagsüber ab. Hierbei ist die Bewegung das wichtigste Kriterium. Ein klar umrissenes Objekt, das auf der Stelle schwebt, ist mit einiger Wahrscheinlichkeit kein Flugzeug, höchstens ein außer Hörweite befindlicher Hubschrauber.

Luftschiffe werden ebenfalls gerne mit UFOs verwechselt. Unter bestimmten Bedingungen kann man ihre Form für ein zigarrenförmiges UFO halten, das langsam über den Himmel zieht. Auch Drachen bieten sich als Erklärung an. Aus der Entfernung sieht man die Verbindungsschnur nicht, und ihre unregelmäßige Form könnte dann für ein UFO gehalten werden.

Meist fliegt das vermeintliche UFO zwar in eine bestimmte Richtung, wechselt aber seine Geschwindigkeit. Bei starkem Sonnenlicht sieht man von einem Flugzeug häufig nur den metallenen Rumpf, der dann wie ein geheimnisvolles UFO aussieht. Selbst Wolken wurden schon für UFOs gehalten. Ein seltener Wolkentypus, die Lentikulariswolke, sieht aus wie eine strukturierte fliegende Scheibe und hat schon so manchen Beobachter getäuscht. Auch Vogelschwärme können für Verwirrung sorgen. Die hellen Bäuche mancher Vogelarten leuchten im Sonnenlicht und sind vom Boden aus nur als weiße Ovale wahrzunehmen.

Darüber hinaus gibt es natürlich noch eine Vielzahl anderer Möglichkeiten. Was Kommandant Mantell über Kentucky sichtete, war vermutlich ein 30 Meter großer „Skyhook"-Ballon, den die US Navy

damals heimlich in diesem Gebiet testete. Den Offizieren der amerikanischen Luftwaffe waren diese Ballons nicht bekannt. Doch nach wie vor wird an der offiziellen Lesart festgehalten, daß die Fluglotsen damals die Venus gesehen hätten – keine sehr überzeugende Erklärung.

Bei dem Fall in der englischen Grafschaft Hertfordshire stellte sich später heraus, daß das vermeintliche UFO der beiden Polizisten in Wirklichkeit eine sowjetische Antriebsrakete gewesen war, die an jenem Abend in die Erdatmosphäre eintrat. Ihre Flugbahn führte sie über ganz Nordeuropa, so daß sie von zahlreichen Beobachtern wahrgenommen und für ein UFO gehalten wurde. Der in Neuseeland gedrehte Film hatte also mit dem Vorfall in Hertfordshire nichts zu tun. Trotz dieser rationalen Erklärung sind aber etliche Leute weiterhin davon überzeugt, daß die beiden Polizeibeamten doch ein „echtes" UFO gesehen hatten…

Ganz oben: Eine der seltenen Lentikulariswolken, die die charakteristische Form einer „fliegenden Untertasse" haben.

Oben: Objekte wie dieser hoch am Himmel fliegende, glänzende Drache, dessen Halteschnur in der Sonne unsichtbar ist, können einem UFO sehr ähnlich sehen.

Rechts: Dieser Meßballon hatte die Aufgabe, in 40.000 Metern Höhe kosmische Strahlungen zu erforschen. Selbst Luftfahrtexperten haben solche Flugobjekte schon falsch eingeordnet.

WER SIND

Als in den fünfziger Jahren die Anzahl der UFO-Sichtungen rapide zunahm, wurden Augenzeugen angeblich immer häufiger von finsteren Gestalten belästigt – den mysteriösen Männern in Schwarz.

Albert Bender, Direktor des „International Flying Saucer Bureau" (Internationales Büro für Fliegende Untertassen), einer Amateurorganisation mit Sitz in Connecticut (USA), behauptete eines Tages, das Geheimnis der UFOs gelüftet zu haben. Bedauerlicherweise aber wartet der Rest der Welt noch immer auf des Rätsels Lösung – denn Bender wurde von drei unheimlichen Besuchern, drei Männern in schwarzer Kleidung, zum dauerhaften Schweigen aufgefordert.

Bender hatte geplant, seine bedeutsamen Erkenntnisse in seiner eigenen Zeitschrift *Space Review* zu veröffentlichen. Zuvor allerdings hatte er noch die Reaktion eines Kollegen abwarten wollen und ihm seine Aufzeichnungen geschickt. Einige Tage darauf waren die Männer erschienen.

Ein Schwindelanfall hatte Bender veranlaßt, sich ins Bett zu legen, als er die Schatten dreier Gestalten bemerkte, die langsam deutlichere Umrisse annahmen. Alle waren schwarz gekleidet.

„Sie sahen aus wie Geistliche, trugen aber eine Art Homburg. Die Gesichter konnte ich nicht genau erkennen, weil die Hüte sie zum Teil verdeckten und Schatten warfen. Meine Angst schwand... Plötzlich leuchteten die Augen der drei wie Blitzlichter auf; sie waren auf mich gerichtet. Sie schienen sich in meine Seele einzubrennen, und ich empfand über den Augen einen fast unerträglichen Schmerz. Da spürte ich, daß sie mir telepathisch eine Botschaft übermittelten."

Oben: In den meisten Berichten über MIBs (men in black) tragen die Männer, wie abgebildet, schwarze Anzüge, weiße Hemden und schwarze Krawatten. Häufig scheinen sie sich seltsam unwohl zu fühlen, als seien sie solche Kleidung nicht gewohnt. Die Kleidungsstücke selbst wirken fabrikneu und doch auf merkwürdige Weise völlig unmodern.

Die Fremden stellen Forderungen

Die Besucher bestätigten Bender, daß er mit seinen Vermutungen über die UFOs richtig liege. Einer von ihnen hatte sogar Benders Bericht bei sich und gab ihm weitere Informationen. Bender erschrak darüber so sehr, daß er nur allzu bereit war, auf ihre Forderungen einzugehen. Er sollte seine Organisation auflösen, die Veröffentlichung seiner Zeitschrift einstellen und sich „bei seiner Ehre als amerikanischer Bürger" daran halten, niemandem die Wahrheit zu erzählen.

Erwartete Bender wirklich, daß jemand ihm diese Geschichte abnahm? Sicherlich verblüffte sie seine Freunde und Kollegen. Einer von ihnen, Gray Barker, veröffentlichte sogar ein aufsehenerregendes Buch mit dem Titel *They Knew Too Much about Flying Saucers* (Sie wußten zuviel über Fliegende Untertassen). Bender selbst lieferte einige Jahre später in seinem Buch *Flying Saucers and the Three Men* (Fliegende Untertassen und die drei Männer) einen noch erstaunlicheren Bericht.

Rechts: Die Männer in Schwarz haben etwas Unwirkliches an sich – wie Gestalten aus einem Alptraum. Selbst ihre Autos strahlen angeblich etwas Beunruhigendes aus: Einerseits wirken sie neuwertig, andererseits aber sind die Modelle veraltet, und ihre Kennzeichen wurden niemals vergeben, wie eine Überprüfung in vielen Fällen ergab.

DIE MÄNNER IN SCHWARZ?

Er erzählte eine unglaubliche Geschichte über außerirdische Raumschiffe mit Basen in der Antarktis, die sich liest wie die abstruseste Science-Fiction-Story. Es wurden sogar Stimmen laut, derlei Ammenmärchen zielten darauf ab, seriöse UFO-Forscher von der richtigen Spur abzubringen.

Trotzdem ist Benders Bericht von den drei unbekannten Besuchern, ob nun glaubwürdig oder nicht, für die UFO-Forschung von brennendem Interesse. Denn es gingen zahlreiche ähnlich lautende Meldungen ein, und zwar oftmals von Leuten, die von Bender und seinem Erlebnis kaum gehört haben dürften. Die Mehrzahl der Berichte stammt zwar aus den USA, doch vergleichbare Meldungen konnten auch in Schweden und Italien, Großbritannien und Mexiko festgestellt werden. Wie die UFOs selbst geistern auch die „Men in Black" (MIBs) durch drei Jahrzehnte.

Wie Benders Bericht enthalten auch spätere Protokolle nicht nur unglaubhafte Details, sondern sind insgesamt derart unlogisch, daß sie allen Anlaß zu Skepsis geben. Damit aber ist das Rätsel noch nicht aus der Welt geschafft. Denn ganz gleich, ob diese Dinge wirklich geschahen, Tatsache bleibt, daß sie zu Protokoll gegeben wurden. Warum sollten so viele Personen unabhängig voneinander und häufig eher widerstrebend solche seltsamen und unheimlichen Besuche melden? Und warum vor allem ähneln sich alle Berichte und lassen ein immer wiederkehrendes Muster erkennen, das man allemal als einen der lebendigsten Volksmythen unserer Tage ansehen könnte?

Rechts: Albert Bender, ein amerikanischer UFO-Forscher, mit einem seiner zahlreichen Bilder von einer UFO-Landung. Der Okkultist und Horror-Fan behauptet, daß drei MIBs ihn durch ihre Drohungen davon abhielten, mit seinen Erkenntnissen über UFOs an die Öffentlichkeit zu treten.

Der klassische MIB-Bericht klingt etwa so: Kurz nach einer UFO-Beobachtung bekommt der betreffende Augenzeuge oder Ermittler Besuch. Häufig geschieht dies so kurz nach dem Vorfall selbst, daß noch keine offizielle Meldung oder Veröffentlichung in den Medien erfolgte. Die Besucher dürften also die Informationen wie Namen, Adressen und Einzelheiten über den Zwischenfall und die Beteiligten kaum über normale Kanäle erfahren haben.

Unheimliche Heimsuchungen

Fast immer findet der Besuch statt, wenn das Opfer allein ist, und zumeist in dessen Haus. Die Besucher, gewöhnlich drei an der Zahl, fahren in einem großen schwarzen Wagen vor. In den USA handelt es sich oft um einen Cadillac. Das Kennzeichen stellt sich bei der Überprüfung stets als nicht existent heraus.

Im allgemeinen sind die Besucher Männer, nur höchst selten ist eine Frau dabei. Sie sehen aus, wie man sich einen typischen Geheimdienstagenten

„DER BESUCH ENDET FAST AUSNAHMSLOS MIT DER ANWEISUNG, NIEMANDEM VON DER BEOBACHTUNG ZU ERZÄHLEN BEZIEHUNGSWEISE DIE UNTERSUCHUNGEN EINZUSTELLEN."

Im Blickpunkt

DER MANN, DER EINEN HUMANOIDEN ANSCHOSS

An einem rauhen Novemberabend des Jahres 1961 kehrte Paul Miller mit drei Freunden von einem Jagdausflug nach Minot, North Dakota, zurück, als etwas, das sie nur als „leuchtenden Siloturm" beschreiben konnten, in der Nähe auf einem Feld landete. Als die Freunde weiterfuhren, erschien das Objekt erneut, und zwei Humanoide entstiegen ihm. Miller geriet in Panik, schoß auf eine der Gestalten und verwundete sie offenbar. Millers Freunde liefen Hals über Kopf davon. Während ihrer Heimfahrt nach Minot hatten alle vier einen Blackout. Drei Stunden fehlten ihnen. Voller Angst beschlossen sie, niemandem von dem Zwischenfall zu erzählen.
Dennoch erhielt Miller, als er am nächsten Morgen zum Dienst erschien, Besuch von drei Männern in Schwarz. Sie stellten sich als Regierungsangestellte vor, wiesen sich aber nicht aus. „Sie schienen alles über mich zu wissen: wo ich arbeite, meinen Namen und auch sonst alles", erzählte Miller. Ihre Fragen zu dem geheimgehaltenen Vorfall klangen so, als wüßten sie bereits die Antworten, doch erwähnten sie seltsamerweise mit keinem Wort den Schuß auf den Humanoiden. Statt dessen schienen sie sich sehr für die Kleidung zu interessieren, die Miller bei der Begegnung mit dem UFO getragen hatte. Sie machten auf Miller einen so bedrohlichen Eindruck, daß er es jahrelang nicht wagte, über die Geschichte zu reden.

vorstellt: dunkle Anzüge, dunkle Hüte, dunkle Krawatten, dunkle Schuhe und Strümpfe, aber weiße Hemden. Zeugen betonen sehr oft das saubere, makellose Erscheinungsbild der Männer, deren Kleidung wie neu gekauft wirke.

Die Gesichter werden oft als „irgendwie fremdländisch", zumeist „orientalisch" beschrieben, und vielfach ist von Schlitzaugen die Rede. Häufig sind die Männer sehr stark gebräunt, wenn nicht gar dunkelhäutig. Mitunter kommen auch bizarre Details zur Sprache: In einem Fall bespielsweise schien der Mann in Schwarz hellen Lippenstift zu tragen! In der Regel wirken ihre Mienen ernst und ausdruckslos, die Bewegungen steif und unbeholfen. Das Auftreten der MIBs wird als förmlich, die Ausstrahlung als kalt und finster bis bedrohlich geschildert, bar jeder Wärme oder Freundlichkeit, wenn auch nicht direkt feindselig. Oft deuten die Zeugen an, ihre Besucher hätten nichts Menschliches ausgestrahlt.

"DAS GEHEIMNIS DER UFOS IST GELÜFTET. IHRE HERKUNFT IST BEKANNT, DOCH DIE INFORMATION WIRD AUF ANWEISUNG EINER HÖHEREN MACHT ZURÜCKGEHALTEN."

Space Review

Identitätsbeweis?

Mitunter treten die MIBs auch in Uniformen wie zum Beispiel der US Air Force auf, oder sie zeigen einen Ausweis vor. Da die meisten Menschen aber niemals einen echten Ausweis des CIA oder einer anderen Geheimdienstorganisation gesehen haben, beweist dies gar nichts. Geben die Männer Namen an, so stellen sich diese stets als falsch heraus.

Das Gespräch verläuft manchmal wie ein Verhör, in anderen Fällen stellt es eine unmißverständliche Warnung dar. In jedem Fall sind die Besucher sehr gut informiert und haben offensichtlich Zugang zu Geheimmaterial. Ein weiteres Merkmal ist die perfekte, zuweilen auch zu perfekte Intonation und Ausdrucksweise, die teilweise an die der typischen Bösewichte aus Kriminalfilmen erinnert.

Der Besuch endet fast ausnahmslos mit der Anweisung, niemandem von der Beobachtung zu erzählen beziehungsweise die Untersuchungen gänzlich einzustellen. Oft wird Gewalt angedroht. Schließlich verschwinden die MIBs genauso schnell, wie sie gekommen sind. In etwa so würden die meisten gut informierten UFO-Gläubigen einen MIB-Besuch beschreiben.

Eine Untersuchung von 32 der glaubwürdigeren Fälle zeigt allerdings, daß viele Details von der typi-

schen Version abweichen: In vier Fällen erfolgten keine Besuche, sondern lediglich Telefonanrufe; nur fünfmal erschienen drei Männer zusammen, zweimal dagegen vier, fünfmal zwei und in sechzehn Fällen nur ein Mann.

Wie es scheint, stimmen Aussehen und Auftreten der Besucher im allgemeinen zwar mit dem Grundtyp überein, doch auch hier wird von sehr unterschiedlichen Varianten berichtet. Das ominöse Auto findet nur in jedem dritten Bericht Erwähnung, und die anschaulichen Details – der Cadillac, das alte Modell, der makellose Zustand – bilden eher die Ausnahme. Von 22 amerikanischen Berichten erwähnen lediglich neun überhaupt einen Wagen: In nur drei Fällen war es ein Cadillac, in zweien war es ein schwarzer und in ebenfalls zweien ein altes Modell.

Dem klassischen Fall am nächsten kommt der von Robert Richardson aus Toledo, Ohio, der im Juli 1967 die „Aerial Phenomena Research Organization" (APRO = Gesellschaft zur Erforschung von Luftphänomenen) informierte, daß er bei einer nächtlichen Autofahrt mit einem UFO kollidiert sei. Nach einer Kurve sah er vor sich ein seltsames Objekt, das die Straße blockierte. Da er nicht mehr rechtzeitig bremsen konnte, stieß er leicht mit dem Objekt zusammen, das im selben Augenblick wieder verschwand. Die Polizisten, die ihn an den Unfallort begleiteten, konnten nur Richardsons eigene Schleuderspuren entdecken. Als er später allein dorthin zurückkehrte, fand er jedoch ein kleines Stück Metall, das möglicherweise von dem UFO stammte.

Drei Tage später erschienen gegen 23 Uhr zwei Männer in den Zwanzigern bei Richardson und stellten ihm etwa zehn Minuten lang Fragen. Sie wiesen sich nicht aus, und Richardson erkundigte sich, wie er danach selbst erstaunt feststellte, auch nicht nach ihrer Identität. Die beiden Männer waren nicht unfreundlich und äußerten keine Drohungen, sondern fragten ihn nur aus. Richardson beobachtete, wie sie in einem schwarzen Cadillac, Baujahr 1953, davonfuhren. Eine Überprüfung des Kennzeichens ergab, daß die Nummer noch nicht vergeben worden war.

Eine Woche darauf erhielt Richardson erneut Besuch, diesmal von zwei anderen Männern, die in einem modernen Dodge eintrafen. Sie waren dunkelhäutig und trugen schwarze Anzüge. Der eine sprach perfekt Englisch, der andere mit einem Akzent. Dennoch meinte Richardson, bei beiden vage etwas Fremdartiges gespürt zu haben. Zuerst versuchten sie ihn zu überzeugen, daß er gar keinen Zusammenstoß gehabt habe, dann aber fragten sie nach dem Metallteil. Als er ihnen sagte, es sei zur Analyse an die APRO weitergeleitet worden, drohten sie: „Wenn Sie möchten, daß Ihre Frau so hübsch bleibt, dann holen Sie es besser zurück."

Nur Richardson, seine Frau und zwei leitende Mitglieder der APRO wußten von dem Metallstück. Die Fremden konnten im Grunde nur davon erfahren haben, indem sie entweder Richardsons Telefon oder das der APRO angezapft hatten. Zwischen den beiden Besucherpaaren bestand kein sichtbarer Zusammenhang, außer daß sie beide über Informationen verfügten, die der Öffentlichkeit nicht zugänglich gewesen waren. Liegt hier der Schlüssel zum Geheimnis der Männer in Schwarz?

***Links und oben:** Es scheint, als kopierten die MIBs in ihrem Auftreten Gangster aus zweitklassigen Filmen, wie beispielsweise Dennis O'Keefe in* T-men *aus dem Jahre 1947 (links). Nicht nur in ihrer Kleidung erinnern sie an die „harten Kerle" früher Filmproduktionen, wie sie die Zeichnung oben wiedergibt. Sie benutzen auch klischeehafte Drohgebärden und Floskeln, die aus den Drehbüchern schlecht gemachter Gangsterfilme stammen könnten.*

UFO BILDARCHIV

Oben: Dieses Photo schoß R. Alpert von der US-Küstenwache am 16. Juli 1952 um 9.35 Uhr. Zu diesem Zeitpunkt befand er sich im Kontrollturm des Luftwaffenstützpunkts Salem im amerikanischen Bundesstaat Massachusetts. Die Objekte bewegten sich seinem Bericht zufolge mit hoher Geschwindigkeit. Auf dem Photo sehen sie allerdings heller aus, als sie tatsächlich waren, da die Kamera auf die Helligkeit der Umgebung eingestellt war. Daher sind die UFOs, falls es sich denn wirklich um welche handelt, überbelichtet.

Ist dieses Photo tatsächlich echt? Linsenspiegelungen kommen als Ursache wohl kaum in Frage. Da das Photo durch ein Laborfenster hindurch aufgenommen wurde, wären Spiegelungen auf der Scheibe durchaus denkbar. Photographie-Experten wiesen jedoch daraufhin, daß Lichtreflexe gewöhnlich weniger kompakt erscheinen. Alles in allem spricht einiges für die Echtheit der Bilder.

Rechts: Dieses Bild nahm der Londoner Photograph Anwar Hussein im Juli 1978 in den spanischen Pyrenäen auf. Am Ende einer „Fotosafari" stellte er fest, daß er eines seiner Objektive auf dem Berggipfel vergessen hatte und kehrte am nächsten Morgen gegen neun Uhr noch einmal dorthin zurück. Er fand das Objektiv und machte noch einige Aufnahmen mit auf „Automatik" gestellter Kamera. Zu dieser Zeit bemerkte er nichts Außergewöhnliches – höchstens, daß es sehr hell war und erstaunlich still um ihn herum. In London schickte er seinen Film zum Entwickeln ein. Kurz darauf erhielt er einen Anruf vom Labor: Auf dem Film befinde sich ein eigenartiges „Objekt", das anfangs auf einen Fehler beim Entwickeln zurückgeführt worden war. Doch es stellte sich heraus, daß das Photo perfekt entwickelt wurde. Dieser Fall ist typisch für die besten UFO-Bilder: Der Photograph bemerkt die Objekte meist gar nicht, die er aufnimmt.

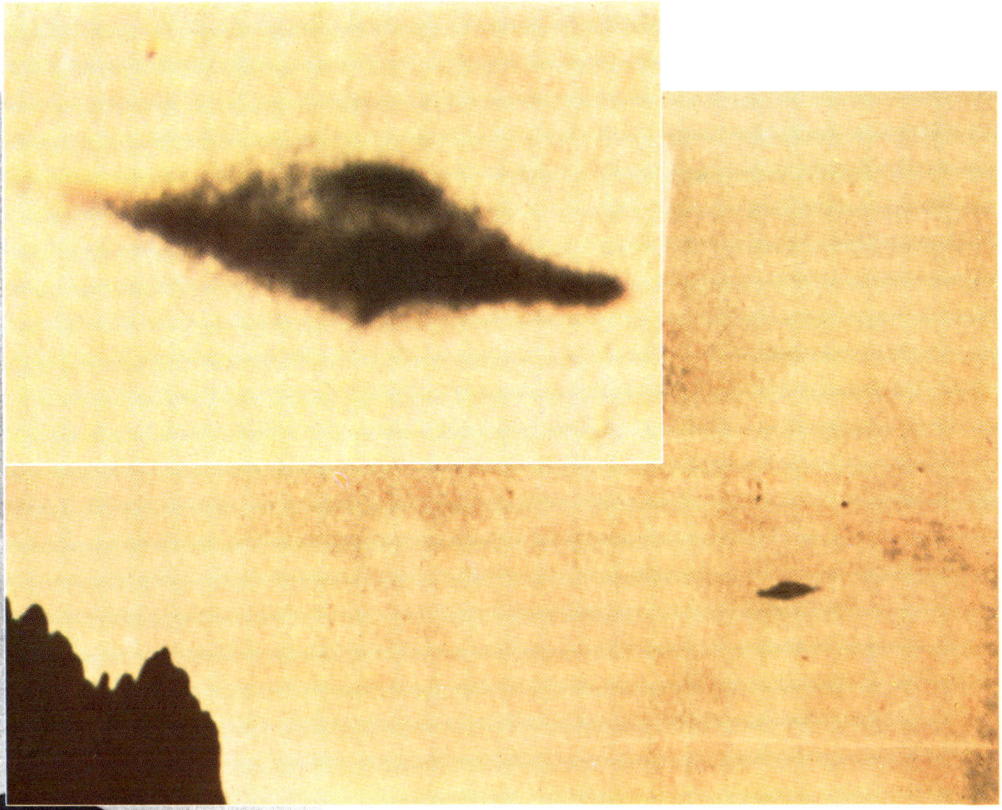

Oben: Anfang Januar 1958 lichtete ein Aufklärungsschiff der brasilianischen Marine, die „Almirante Saldanha", in Rio de Janeiro Anker und nahm Kurs auf die Felseninsel Trinidad, wo die Marine eine ozeanographische Forschungsstation unterhielt. An Bord befand sich u.a. Almiro Barauna, ein Fachmann für Unterwasser-Photographie.

Kurz bevor das Schiff am 16. Januar 1958 um 12.15 Uhr auslief, machte der pensionierte Luftwaffenoffizier Hauptmann Viegas, der sich mit anderen Offizieren und Technikern an Deck befand, Barauna auf ein helles Objekt am Himmel aufmerksam. Barauna verfolgte das fliegende Objekt, bis es sich gegen einen Wolke abzeichnete. Dann schoß er die beiden hier abgebildeten Photos. Das UFO verschwand für ein paar Sekunden hinter dem höchsten Gipfel der Insel. Als es wieder auftauchte, hatte es die Richtung geändert. Barauna drückte noch dreimal auf den Auslöser. Die nächsten beiden Photos gelangen ihm nicht, da sich inzwischen zahlreiche aufgeregte Zuschauer um den Photographen drängten und seine Sicht behinderten. Das UFO schien kurz zu verweilen, bevor es rasch davonflog. Auch diesen letzten Augenblick konnte Barauna mit seiner Kamera festhalten.

Der Photograph erzählte, das Objekt habe kein Geräusch von sich gegeben, sei von dunkelgrauer Farbe gewesen und von einem grünen, nebelartigen Dampf umgeben.

Barauna war gespannt darauf zu sehen, was er mit der Kamera eingefangen hatte und entwickelte seinen Film noch an Bord des Schiffes in Anwesenheit des Kapitäns, Kommandant Bacellar. Die Abzüge konnten erst bei der Ankunft in Rio gemacht werden. Barauna erklärte später die schlechte Qualität seiner Photographien damit, daß er in der Aufregung nicht auf die richtige Kameraeinstellung geachtet hätte und die Aufnahmen daher überbelichtet seien.

In Rio de Janeiro untersuchte die brasilianische Marine die Negative. Sie befand sie für echt und schloß jeden Schwindel aus. Auf der Grundlage von Baraunas Beobachtungen schätzten die Marinebehörden die Geschwindigkeit des UFOs auf etwa 900 bis 1000 km/h. Der Durchmesser des saturnförmigen Objekts betrug ungefähr 37 Meter. Mindestens 100 Leute hatten das UFO gesehen, und die Photos scheinen unanfechtbar zu sein.

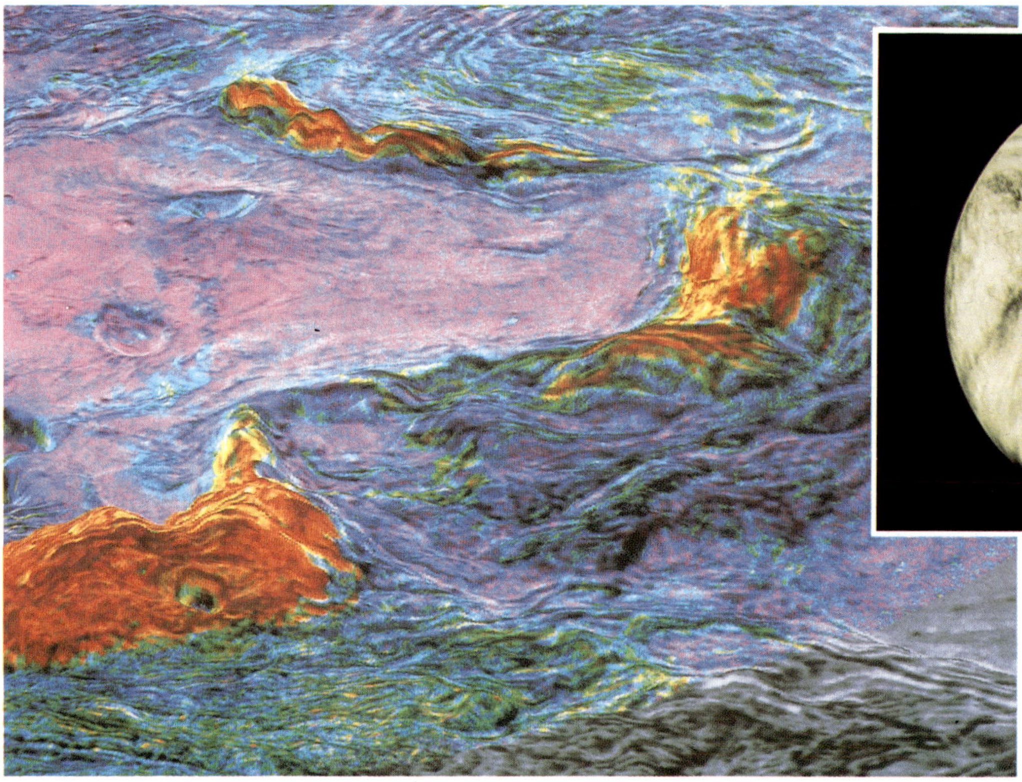

Oben: Die Venus ist 48 Million Kilometer von der Erde entfer. Links: Diese Eindrücke eines Künstlers von der Oberfläche der Venus basieren auf Fernsehbildern. Bei einer Oberflächentemperatur von 480° Celsius ist Leben unwahrscheinlich.

SIE WIRBELN DURCHS WELTALL

Unten: Die Apollo 8 beim Start. Um Planeten außerhalb unseres Sonnensystems zu erreichen, müßten Raumschiffe entwickelt werden, die mit energiereicherem Treibstoff fliegen.

Sie sind scheibenförmig, extrem wendig und fliegen unglaublich schnell – so lautet der Steckbrief für UFOs. Welche Art Kultur könnte solche Flugobjekte hervorbringen?

UFO – Unbekanntes Flug-Objekt – bezeichnet in offizieller Sprache ein Phänomen, das sich einer naturwissenschaftlichen Erklärung bis zum heutigen Tag entzieht. Die Berichte über UFO-Sichtungen lassen vermuten, daß diese fliegenden Objekte von intelligenten Wesen gesteuert werden, die nicht von unserer Welt stammen. Zudem soll es zu Kontakten mit Humanoiden gekommen sein. Sind UFOs also Raumschiffe einer außerirdischen Intelligenz?

Wenn das zuträfe, müßten diese Raumschiffe unglaubliche Entfernungen überwinden. Sie kämen von der Venus, wird häufig nach einem Kontakt mit Außerirdischen behauptet. Doch scheint es kaum vorstellbar, daß dieser Planet bewohnbar wäre. Etwaiges intelligentes Leben müßte daher aus noch weiterer Ferne kommen. Selbst wenn man davon ausgeht, daß Bewohner anderer Planeten länger leben als wir, hätten UFOs unglaubliche Geschwindigkeiten zu entwickeln, um uns auf der Erde besuchen zu können.

Interessant sind auch die Schilderungen über die Art und Weise, wie sich UFOs bewegen. Die meisten Leute behaupten, die beobachteten Objekte könnten auf der Stelle schweben, rasant starten und führten häufig Manöver aus, die unseren herkömmlichen Flugzeugen unmöglich wären. Solche Beschleunigungen müßten auf gewaltigen Antriebskräften basieren.

Antrieb durch Kernenergie

Keiner der uns bekannten Raketentreibstoffe kann die Beschleunigung erzeugen, die bei UFOs beobachtet wird. Raketen benötigen eine enorme Menge an Treibstoff. Sie müssen nicht nur ihr nicht geringes Eigengewicht beim Start durch die Erdatmosphäre katapultieren, sondern das der gesamten Treibstoffmenge. Als Lösung schuf man das Mehrstufensystem. Für die benötigte Anfangsbeschleunigung sorgt eine erste Raketenstufe, die abgesprengt wird,

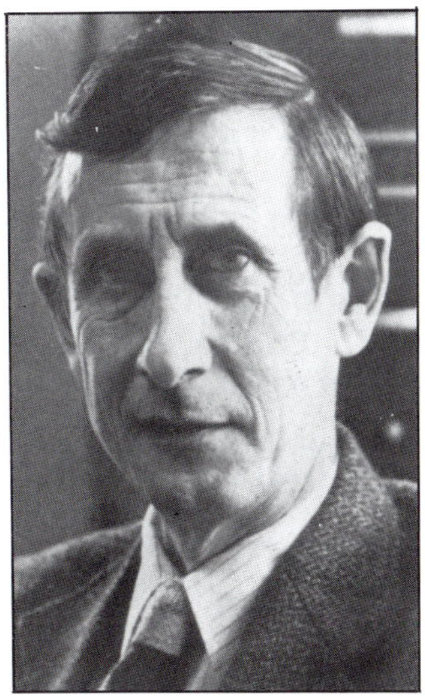

Der amerikanische Physiker Professor Freeman Dyson hatte schon 1958 ein atomar angetriebenes Raumschiff entworfen.

sobald sie ihren Treibstoff verbraucht hat; danach wird eine zweite Stufe aktiv.

Zwar erreichen auch unsere Raketen relativ hohe Geschwindigkeiten, aber sie sind bei weitem nicht schnell genug, um Planeten in weit entfernten anderen Sonnensystemen innerhalb eines Menschenlebens anzufliegen. Falls UFOs den gleichen physikalischen Gesetzen wie unsere Maschinen unterworfen wären, müßten sie für ihre atemberaubend schnellen Manöver eine andersartige Energiequelle verwenden, die wenig Platz benötigt. Das ist nach heutigem Kenntnisstand nur bei Kernenergie der Fall.

Tatsächlich hat es bereits Bemühungen gegeben, Atomenergie für die Raumfahrt zu nutzen. Schon 1958 – kurz nachdem die Russen ihren ersten Satelliten ins All geschossen hatten – arbeitete der Physiker Freeman Dyson an einem atomar angetriebenen Raumschiff. Dyson war in seiner Eigenschaft als Experte der Kernphysik an der Entwicklung der Atombombe beteiligt gewesen. Mit seinem Team entwarf er ein nuklear angetriebenes Raumschiff in La Jolla in Südkalifornien. Das „Projekt Orion" sollte eine Alternative zu den Mehrstufenraketen schaffen.

Das Projekt Orion

Dyson wollte ein Raumschiff von der Größe einer kleinen Stadt bauen. Es sollte eine Gruppe von Menschen zu einem Stern am äußeren Rand des Sonnensystems bringen, die sich dort ansiedeln sollten. So phantastisch, geradezu utopisch diese Idee auch klingen mag, das Konzept war von technischem Standpunkt aus realistisch.

Das Raumschiff sollte durch Wasserstoffbomben angetrieben werden, die unterhalb der Grundfläche

> " UFOS HÄTTEN UNGLAUBLICHE GESCHWINDIGKEITEN ZU ENTWICKELN, WOLLTEN HUMANOIDE AUSSERIRDISCHE UNS AUF DER ERDE BESUCHEN. "

befördert und nacheinander zur Explosion gebracht würden. Diese engagierten Pläne wurden jedoch nie Wirklichkeit – die Gefahr einer radioaktiven Verseuchung der Atmosphäre durch ein derartiges Raumschiff war zu groß.

Oft heißt es von UFOs, sie tauchten unerwartet plötzlich auf und verschwänden genauso unversehens. Man überlegte, ob es sich um optische Täuschungen handeln könnte, die von den UFOs absichtlich erzeugt werden, um möglichst wenig gesehen zu werden. Andererseits könnten sie diesen Zweck leichter erreichen: Bei Nacht müßten UFOs nur die Lichter ausschalten, um in der Dunkelheit unterzutauchen. Bei Tag könnten sie sich dem Auge des Beobachters entziehen, indem sie ihm ihre schmale Seite zudrehen; eine flache Scheibe wäre am hellen Himmel nur schwer auszumachen. Das erklärt zwar nicht die eigenartigen Radarechos, die dann plötzlich wieder vom Bildschirm verschwinden. Würde ein UFO jedoch bei seiner Beschleunigung starke Luftturbulenzen erzeugen, könnten unter Umständen Luftspiegelungen entstehen, die es von beiden Seiten vor einer Ortung durch Radar abschirmen.

Allerdings lassen sich nicht alle Berichte durch diese Thesen erklären. Manches, was geschildert wird, läßt doch eher an technische Wunderwerke denken. Sie scheinen den irdischen Entwicklungen vielfach überlegen zu sein.

PERSPEKTIVEN

WARUM GERADE „UNTERTASSEN"?

In den meisten Sichtungsberichten werden UFOs als scheiben-, aber auch als zigarrenförmig beschrieben. Möglicherweise gleichen letztere in Wirklichkeit ebenfalls einer Scheibe. Die Anzahl der gesichteten scheibenförmigen UFOs ist in der Tat überwältigend. Die Frage, warum sie ausgerechnet diese Form haben, hat zu vielen gewagten Spekulationen geführt - so meinten manche, es hätte mit Kreissymbolik etwas zu tun. Es gibt jedoch auch weniger mystische Erklärungen:

Auf seiner langen Reise durchs All durchquert ein Raumschiff riesige Regionen leeren Raums, wo es keine Anziehungskraft durch andere Planeten, keinen Windwiderstand, kein oben, kein unten, keine Richtung – einfach gar nichts mehr gibt. Die „natürlichste" Form, die ein Raumschiff unter solchen Bedingungen haben kann, ist die einer Kugel. Eine Kugel ist auf einer unbegrenzten Anzahl von Achsen immer symmetrisch. Die Tatsache, daß die meisten UFOs scheiben- und nicht kugelförmig sind, läßt sich ganz einfach erklären. Es könnte sich um einen „Konstruktionstrick" handeln, der den Raumschiffen innerhalb der Atmosphäre eines Planeten eine höhere Geschwindigkeit erlaubt, denn wenn sie mit der schmalen Seite gegen den Wind fliegen, sinkt der Luftwiderstand gegen Null.

PLÖTZLICH, AUS HEITEREM HIMMEL...

UFOs, die auf dem Radarschirm erscheinen, geben den Wissenschaftlern gemeinhin die brauchbarsten Hinweise. Die nachstehend geschilderte Entdeckung ereignete sich auf dem Turiner Flughafen Caselle und ist einer der bestdokumentierten aller bisher registrierten derartigen Fälle. Der Pilot Riccardo Marano wurde im November 1973 in eine aufsehenerregende UFO-Jagd verwickelt.

Die Geschehnisse spielten sich im Winter 1973/74 ab. Sie wurden eingeleitet von einer ersten spektakulären Sichtung im November 1973 nahe Turin. Dieses Ereignis war für die Ufologie eine Zäsur von enormer Bedeutung; es weckte überdies das Interesse von Jean-Claude Bourret, einem Top-Reporter des französischen Radiosenders „France-Inter", der eine ganze Programmreihe über UFOs initiierte und als Höhepunkt ein Interview mit dem damaligen französischen Verteidigungsminister Robert Galley führte.

Man schrieb den 30. November 1973. Riccardo Marano bereitete gerade die Landung mit seiner Piper Navajo auf dem Flughafen Caselle vor, als er vom Tower die Meldung erhielt, 4000 Fuß (1200 Meter) über seinem vorgesehenen Landepunkt sei ein unbekanntes Flugobjekt gesichtet worden. Der Tower hatte das Objekt auf seinem Radarschirm und erteilte Marano die Genehmigung, es sich einmal genauer anzuschauen. Während er sich seinem Ziel näherte, teilte der Tower mit, das UFO steuere auf das Suza Valley zu. Marano änderte seinen Kurs, um die Verfolgung aufzunehmen, doch der Tower meldete das Verschwinden des Objekts vom Radar.

Im selben Augenblick erhielt der Pilot von einem anderen Flugzeug die Mitteilung, das UFO befände sich hinter ihm in einer Höhe von 3600 Metern.

Maranos Flughöhe betrug 3000 Meter. Er drehte um und erblickte vor sich etwas, das aussah wie eine leuchtende Kugel, die abwechselnd hell und dunkel pulsierendes Licht in allen Regenbogenfarben aussandte. Während er sich dem UFO näherte, berichtete Marano, es flöge „höchst ungleichmäßig mit unvermittelten rasanten Kursänderungen und plötzlichen Sprüngen vor und zurück". Als sich das Objekt einen Moment lang unter ihm befand, ging Marano in den Sturzflug und beschleunigte auf über 400 Stundenkilometer. Dennoch konnte er das UFO nicht einholen. Er gab die Verfolgung auf, als das Objekt mit einer von ihm auf 900 Stundenkilometer geschätzten Geschwindigkeit in südöstlicher Richtung verschwand.

Unten und oben rechts: Künstlerische Darstellungen der leuchtenden Kugeln, die 1973 über dem Turiner Flughafen Caselle vom Flugzeug (s. Photo) aus gesichtet wurden.

UFO-Sichtung bestätigt

Zwei weitere Piloten bestätigten, das Objekt ausgemacht zu haben. Es waren dies Comandante Tranquillo, der soeben mit seiner Alitalia DC-9 gestartet war, und Comandante Mezzalani, der seine Alitalia DC-9 von Paris hereinbrachte. Comandante Tranquillo teilte dem Tower mit, daß er es nicht wagte, sich dem „glänzenden und Blitze aussendenden Objekt" zu nähern, und änderte vorsichtshalber seinen Kurs, Comandante Mezzalani beobachtete das Objekt während seines Landemanövers. Er beschrieb es als groß und leuchtend, jedoch nicht so hell wie ein Stern oder künstlicher Satellit.

Doch es gab noch einen weiteren, sehr zuverlässigen Zeugen, nämlich den Kommandanten des

" COMANDANTE TRANQUILLO TEILTE DEM TOWER MIT, DAß ER ES NICHT WAGTE, SICH DEM GLÄNZENDEN UND BLITZE AUSSENDENDEN OBJEKT ZU NÄHERN, UND ÄNDERTE SEINEN KURS. "

benachbarten Caselle-Militärflughafens, Colonello Rustichelli. Auch er gab an, das UFO auf seinem Radarschirm geortet zu haben. Es war etwas Festes, das sich auf dem Schirm etwa genauso darstellte wie eine DC-9; das Objekt habe wie ein Stern ausgesehen, doch sobald es auf dem Schirm erschienen wäre, hätte es sich nicht bewegt. Kurz darauf sei es in Richtung Westen verschwunden.

Ein seltsames Ereignis, das mit der zuvor beschriebenen Sichtung in Zusammenhang stehen könnte, trug sich etwas früher am gleichen Abend zu. Um fünf Uhr nachmittags erblickte der Amateurphotograph Franco Contin ein extrem helles Objekt am Himmel. Zunächst hielt er es für einen Stern, bis ihm auffiel, daß es sich bewegte. Ihm wurde klar, daß es sich bei jenem Ding, das aussah wie eine leicht unförmige Kugel, die anfangs weiß und dann plötzlich tieforange leuchtete, um etwas anderes handeln mußte. Contin zückte die Kamera und machte acht Aufnahmen, auf denen ein enormes eiförmiges und hell leuchtendes Objekt zu sehen ist.

Radio-Berichterstattung

Die Sichtung zog nicht nur eine Welle von UFO-Berichten aus der ganzen Welt nach sich, sondern erregte darüber hinaus die Aufmerksamkeit zweier sehr bedeutender Persönlichkeiten. Die eine war Jean-Claude Bourret, Chefreporter des Radiosenders „France-Inter", der von diesem Bericht so sehr beeindruckt war, daß er eine 39teilige Serie über die Erforschung des UFO-Phänomens fertigstellte, die 1973 und 1974 gesendet wurde. Die andere Persönlichkeit war Robert Galley, der damalige französische Verteidigungsminister, der Bourret ein Exklusivinterview gewährte, das am 21. Februar 1974 ausgestrahlt wurde.

Dieses Interview war für die öffentliche Akzeptanz der Ufologie von immenser Bedeutung, zog der Minister doch nicht nur die Existenz von UFOs ernsthaft in Betracht, sondern er gab darüber hinaus auch die im Jahr 1954 erfolgte Einsetzung einer geheimen Untersuchungskommission für UFO-Phänomene zu. Galley referierte über das massive Auftreten der UFO-Phänomene, sprach von den vielen minuziösen Augenzeugenberichten, die er gelesen hatte, und von den gesammelten Berichten, die ihm in der Anfangsphase des Projekts von den Luftstreitkräften übergeben worden waren. Seit 1970 liegt die UFO-Forschung in Frankreich in den Händen des „Centre Nationale d'Etudes Spatiales" (Nationales Zentrum für Weltraumstudien), das mit der Auswertung von UFO-Berichten sowohl von Seiten der Luftstreitkräfte als auch von der Gendarmerie befaßt ist. Bedauerlicherweise pflegt die französische UFO-Forschungsgruppe jedoch keinen Kontakt zu militärischen Institutionen des Auslands.

Das überraschende Interview fand in der französischen Presse, angefangen von *France-Soir* über *Le Parisien Libéré* und *L'Aurore* bis hin zu *Le Figaro* wie in den großen regionalen Zeitungen, ein ungeahntes Echo. Bald schon erschienen auch Berichte in der deutschen, spanischen, schweizerischen, italienischen, brasilianischen und amerikanischen Presse – nicht aber in den britischen Zeitungen, Radio- und Fernsehkanälen. Gordon Creighton, der englische Übersetzer von Bourret, bemühte sich erfolglos, die BBC davon zu überzeugen, daß das Interview wichtig genug sei, um in einer ihrer naturwissenschaftlichen Radiosendungen zumindest erwähnt zu werden. Seiner Meinung nach berichteten die britischen Medien auf offizielle Anordnung der Behörden hin derart spärlich über UFOs. O-Ton Creighton:

> „Unauffälligere und subtilere Methoden der Verhöhnung und Verunglimpfung und dazu gelegentlich ein diskreter Anruf bei einer Zeitung, die sich der Veröffentlichung eines seriös wirkenden UFO-Berichtes schuldig gemacht hat, haben weit bessere Resultate gebracht als die Methoden des CIA."

Die eingeschlagene Taktik von offizieller Seite ist ohne Frage für die spärlichen Forschungsbemühungen – nicht nur in Großbritannien – verantwortlich.

Unten: Robert Galley, ehemaliger französischer Verteidigungsminister, in seinem historischen, am 21. Februar 1974 gesendeten Interview mit Jean-Claude Bourret, Reporter des französischen Radiosenders „France-Inter". Galley gab zu, daß die französische Regierung seit 20 Jahren geheime UFO-Forschung betrieben habe.

UFO-GROSSFAHNDUNG

Wenn „fliegende Untertassen" tatsächliche Spuren hinterlassen und sogar mit einem Radargerät erfaßt werden, scheint das zu beweisen, daß UFOs mehr als nur rätselhafte Phänomene sind.

In der Nacht vom 13. August 1956 kamen die Fluglotsen und Bediener der Radargeräte der Luftwaffenstützpunkte der RAF (Royal Airforce – britische Luftwaffe) und der USAF (US Air Force – Luftwaffe der USA) in East Anglia, England, nicht zur Ruhe. Manche der Spuren auf dem Radarschirm waren mit Sicherheit Finten, andere mit ebensolcher Sicherheit keine. In dem nach dem Vorfall erstellten Condon-Bericht der USAF hieß es, die im folgenden beschriebene UFO-Sichtung sei „das Rätselhafteste und Ungewöhnlichste, was je in den Akten der USAF aufgezeichnet wurde".

Der UFO-Spuk begann um 10.55 Uhr auf dem RAF-Stützpunkt Bentwaters, in der Nähe von Ipswich, den die britische an die amerikanische Luftwaffe geleast hatte. Auf einem Radargerät der Bodenkontrolle tauchte ein Objekt 50 km östlich des Stützpunkts auf, das sich ihm vom Meer her mit einer Geschwindigkeit von 3200 – 6440 km/h näherte. Es flog direkt über Bentwaters hinweg und wurde solange verfolgt, bis es 50 km westlich des Stützpunkts vom Bildschirm verschwand. Doch das Objekt wurde nicht nur auf dem Bildschirm erfaßt, sondern auch von einem Soldaten im Kontrollturm am Himmel gesehen, der es als ein Licht beschrieb, das „wegen der hohen Geschwindigkeit nur verschwommen wahrzunehmen war". Ein Pilot der USAF, der in einer C-47 auf einer Höhe von 1200 m über Bentwaters flog und von der Bodenkontrolle alarmiert worden war, sah nach unten, wo er unter seiner Maschine ein verschwommenes Licht bemerkte. Dann sah er, wie das vermeintliche UFO in Richtung Lakenheath – ein weiterer britischer Luftwaffenstützpunkt, der an die USAF geleast worden war, davonschoß. Lakenheath wurde unverzüglich alarmiert.

Beobachter, Bediener der Radargeräte und die Bodenkontrolle in Lakenheath bezeugten, Objekte erfaßt zu haben, die mit immenser Geschwindigkeit am Himmel dahergeschossen kamen und immer wieder abrupt anhielten, um die Richtung zu ändern. Nach anfänglichem Zögern wurde Kontakt mit der RAF aufgenommen. Der erste Fluglotse in Bentwaters erinnert sich an den Anruf aus Lakenheath – „etwas", so sagten die Amerikaner, „störe den Schaltkreis des Flugplatzes". Der Fluglotse in Bentwaters gab den Befehl zum Einsatz eines Venom-Nachtaufklärers, stationiert auf dem RAF-Stützpunkt Waterbeach, und übergab das Kommando an den Leiter der Abfangjäger und drei weitere hochqualifizierte Männer dieser Abteilung. Der Jäger wurde auf das UFO angesetzt, und der

Diese Illustrationen (rechts und oben rechts) zeigen das mysteriöse Licht eines unbekannten Flugobjekts, das im August 1956 über einem Luftwaffenstützpunkt in der Nähe von Ipswich, England, auftauchte und auf dem Radarschirm verfolgt wurde.

Pilot, begleitet von einem Navigator, gab das Losungswort „Contact" per Funk an die Bodenkontrolle weiter, wenn er das Objekt mit bloßem Auge sehen konnte, und „Judy", wenn es auf dem Radargerät des Bombers zu sehen war. Der Jäger kam dem Objekt immer näher. Doch plötzlich veranstaltete dieses einige abrupte Manöver, bis es sich schließlich hinter der Venom in Position befand. Der Pilot meldete „Kontakt verloren, brauche Hilfe".

Inzwischen war ein zweiter Venom-Aufklärer gestartet. Die Kontrolle in Lakenheath meldete, das UFO „hätte sich in der Luft umgedreht" und Position hinter der Venom bezogen, deren Pilot nun seinerseits versuchte, seine Maschine hinter das Objekt zu manövrieren.

Als der „Spuk" vorbei war, wurde ein detaillierter Bericht an Dr. E.U. Condon an der Universität von Colorado, USA, weitergeleitet, den Leiter eines von der USAF gesponserten Untersuchungsausschusses von UFOs. Bis der Condon-Report im Januar 1969 veröffentlicht wurde, wurden alle Informationen geheimgehalten. Das Ergebnis der Studien, zu denen u.a. ein Bericht von Dr. James McDonald, einem Physiker der Universität von Arizona, gehörte, ergab eindeutig, daß es sich um ein tatsächliches Flugobjekt gehandelt haben mußte.

Zwei Jahre zuvor, am 10. Sept. 1954, wurde ein kleines Dorf in Frankreich namens Quarouble, in der Nähe von Valenciennes, abends um 10.30 Uhr von ähnlich merkwürdigen Vorgängen heimgesucht.

Der 34jährige Stahlarbeiter Marius Dewilde hielt sich in der Küche seines Hauses auf, das neben einer Bahnlinie lag, etwa 1,5 km vom Dorf entfernt, als sein Hund ganz plötzlich zu jaulen anfing. Da er befürchtete, ein Einbrecher schliche ums Haus, ergriff Dewilde seine Taschenlampe und begab sich nach draußen. Als erstes bemerkte er einen unförmigen Schatten zu seiner Linken auf den Bahngeleisen, von dem er annahm, es handele sich um einen Traktor. Dann hörte er zu seiner Rechten ein Geräusch. Er drehte sich um, und im Licht seiner Taschenlampe sah er zwei seltsame Gestalten, die knapp einen Meter groß waren und offenbar Taucheranzüge sowie riesige Helme trugen. Sie schienen auf kurzen Beinen daherzuschlurfen, hatten breite Schultern, aber keine Arme, und befanden sich offensichtlich auf dem Weg zu dem unförmigen Objekt auf den Geleisen.

Dewilde rannte zum Gartentor, um den Kreaturen den Weg abzuschneiden. Er war ca. zwei Meter hinter ihnen, als aus einer Öffnung an der Seite des dunklen Objekts ein gleißender Lichtstrahl fiel, der ihn zu lähmen schien. Er konnte sich weder bewegen noch etwas sagen. Dann erlosch das Licht.

Schließlich erholte er sich und setzte seine Verfolgung fort, konnte die Gestalten jedoch nicht mehr sehen. Dafür gewahrte er eine Art Tür an der Seite des Objekts, die sich zu schließen schien. Dann stieg das Objekt wie ein Hubschrauber auf, begleitet von einem pfeifenden Summton. Nachdem es etwa 30 m hoch gestiegen war, verschwand das nun rot glühende Objekt gen Osten.

Dewilde begab sich auf die Polizeiwache. Der Polizeipräsident hörte sich die gestammelte Aussage Dewildes an und kam zu dem Entschluß, daß dieser von Panik erfaßte Mann weder verrückt war noch sich einen Scherz mit ihm erlaubte.

Man berief einen Untersuchungsausschuß ein, dem Mitglieder der Polizei, der Luft-Gendarmerie und des für dieses Gebiet zuständigen Sicherheitsdienstes angehörten. Sie kamen zu dem Ergebnis, daß Dewilde weder gelogen hatte noch unter Halluzinationen litt, und daß es sich bei dem Objekt keinesfalls um einen Hubschrauber gehandelt haben könnte, da dieser bei einer Landung in dem Gewirr der Telegraphendrähte hängengeblieben wäre. Außerdem fanden sich Abdrücke auf den Eisenbahnschwellen, genau an der Stelle, an der Dewilde das Objekt vermutet hatte. Ein Bahningenieur bestätigte, daß nur ein unglaublich schwerer Gegenstand derartige Spuren in dem harten Metall hinterlassen haben konnte. Zudem hätte die Temperatur, unter der der Bettungsschotter zwischen den Geleisen angekohlt und kalziniert wurde, außergewöhnlich hoch sein müssen.

"ER DREHTE SICH UM, UND IM LICHT SEINER TASCHENLAMPE SAH ER ZWEI MERKWÜRDIGE GESTALTEN, DIE KNAPP EINEN METER GROß WAREN UND ... TAUCHERANZÜGE TRUGEN SOWIE RIESIGE HELME."

Diese Sichtungen eines UFOs und seiner außerirdischen "Piloten" (wie oben und unten dargestellt) machte der Stahlarbeiter Marius Dewilde am 10. September 1954 in der Nähe der französischen Stadt Valenciennes. Die zwei Kreaturen, die Dewilde sah (unten), waren nicht weniger merkwürdig als das unförmige Objekt, dem sie anscheinend entstiegen waren.

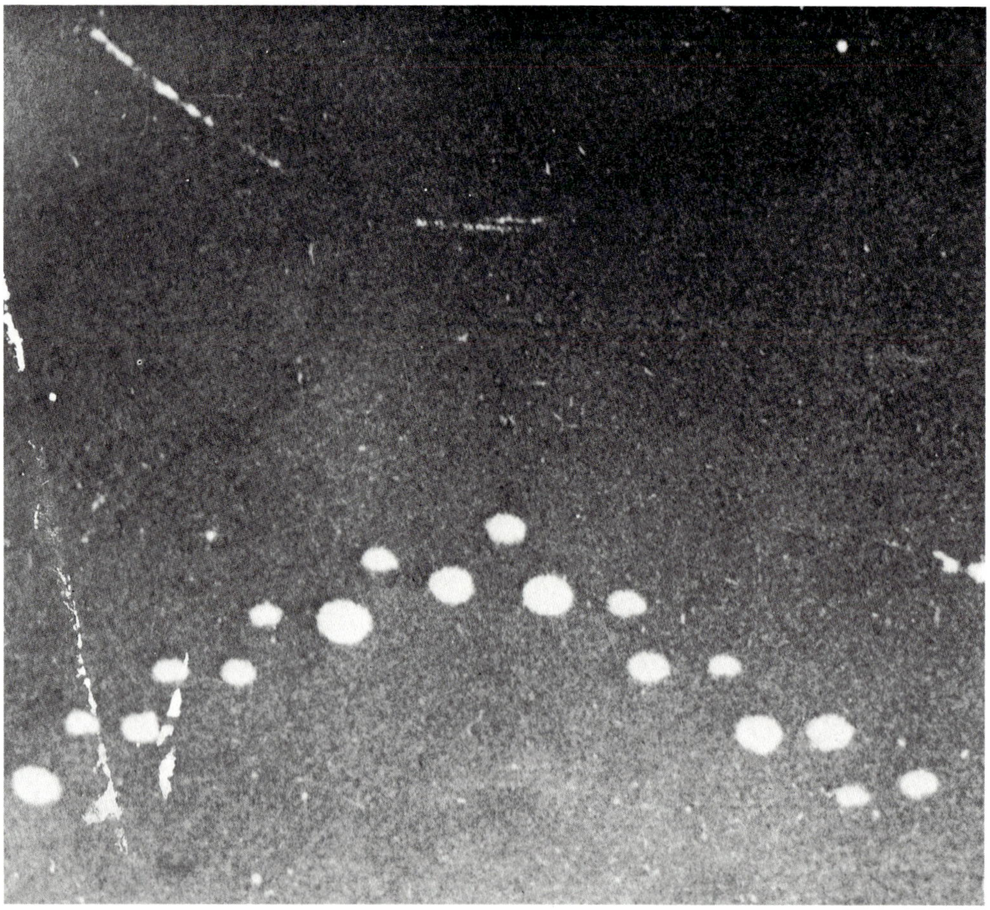

Oben: Dieses Photo wurde am 12. November 1966 während der Gemini XII Weltraummission aufgenommen. Die Analyse ergab, daß es sich bei dem Gegenstand rechts auf dem Bild um ein entferntes Flugobjekt handelt. Demgegenüber fällt die Erklärung des „NASA Photo Evaluation Lab" weit unspektakulärer aus: Was man auf der Aufnahme sieht, sei lediglich Müll, der von der Weltraumkapsel selbst stamme.

Am 25. August 1951 um 21.10 Uhr saßen fünf Professoren und ein Student in gemütlicher Runde vor dem Haus von Professor W. I. Robinson in Lubbock, Texas. Plötzlich sahen die Männer eine Formation heller Lichter über den Himmel ziehen. Die Professoren schätzten die Geschwindigkeit der Lichter auf etwa 3000 Stundenkilometer und die Flughöhe auf ungefähr 1,5 Kilometer. Skeptiker sehen hinter dieser Leuchterscheinung nichts anderes als Reflexionen von Flugenten. Diese tieffliegenden Tiere können jedoch keinesfalls Geschwindigkeiten von umgerechnet 200 km/h erreichen!

Unten: Dieses UFO wurde am 26. Juli 1975 von drei Zeugen in der Nähe von Saasfee, Schweiz, beobachtet. Es wirkte metallisch und war im Dunst schwer auszumachen. Ein leises Summen soll von ihm ausgegangen sein. Dieses Photo wurde von der in Phoenix, Arizona, ansässigen UFO-Organisation „Ground Saucer Watch" genauestens analysiert. Mit den ihr zur Verfügung stehenden Methoden lassen sich eine Reihe von Details herausfinden, die vom Photo selbst nicht gleich abzulesen sind. Hierzu gehören die auf eine Stunde genaue Entstehungszeit der Aufnahme, die Größe des UFOs, seine Entfernung von der Kamera sowie eventuelle Strukturen oder Fäden, die auf eine Fälschung hindeuten könnten.

Rechts: Dieses Photo ist eine in Digitaltechnik angefertigte Vergrößerung des Originals. Es bestand den Test.

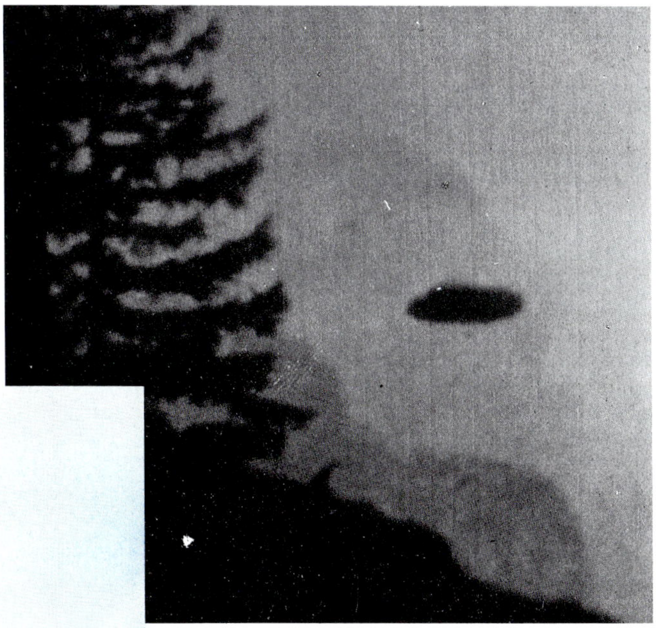

Unten: Auch dieses Photo, am 21. Oktober 1965 während eines Jagdausflugs in Gibbon, Minnesota, von Hilfssheriff Strauch aufgenommen, bestand den Computertest von „Ground Saucer Watch". Es zeigt ein UFO – ein helles, verschwommenes, scheibenförmiges Licht – und verdeutlicht, wie schwierig es ist, bei schlechten Lichtverhältnissen gute Farbaufnahmen von UFOs zu machen. Die eigenartige Färbung des Himmels läßt den Schluß zu, daß das Objekt vermutlich rot war – eine Parallele zu anderen UFO-Sichtungen.

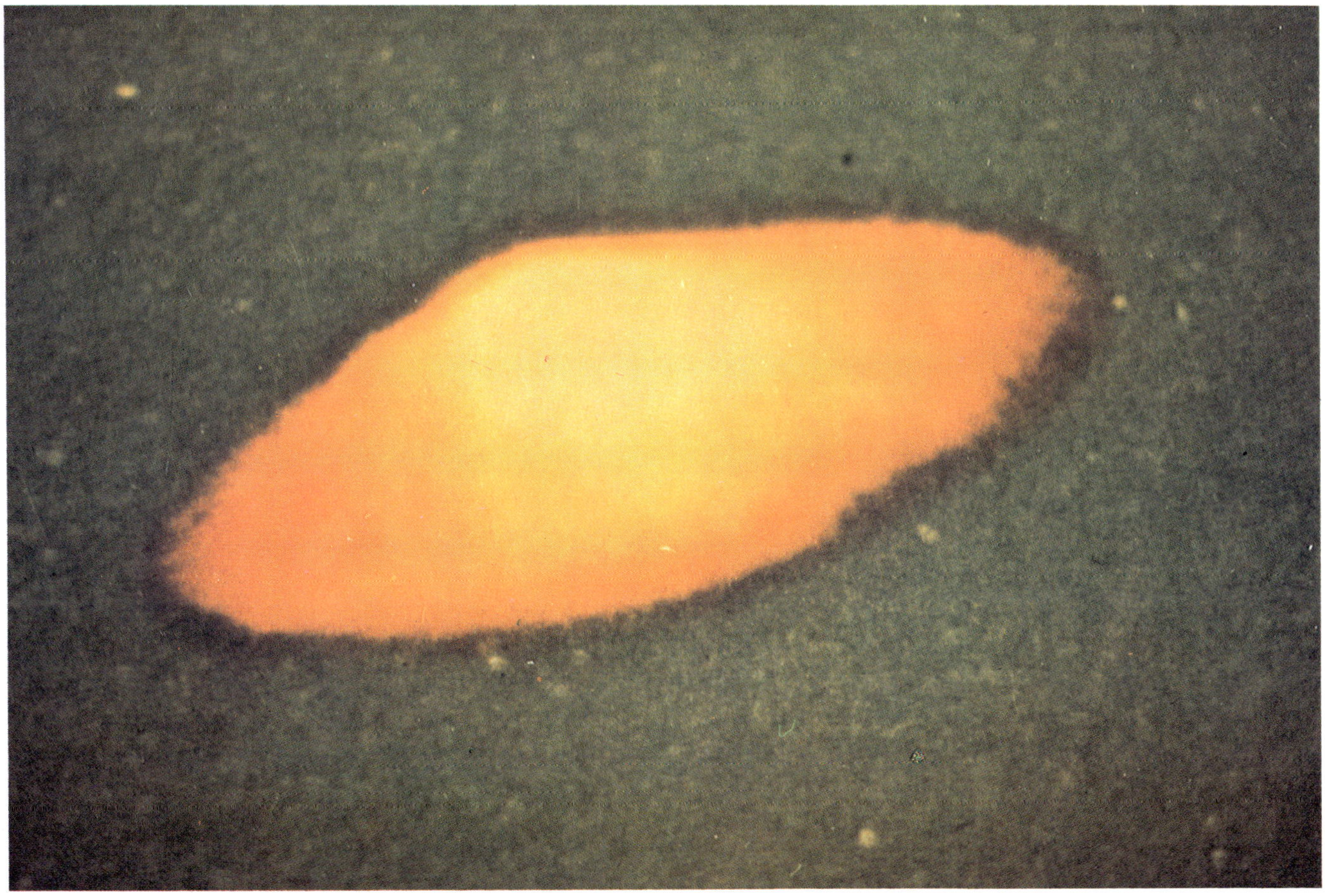

DAS LUFTSCHIFF-PHANTOM

Die Sichtung eines gigantischen und geheimnisvollen Luftschiffs Anfang 1909 war nur der Beginn einer ganzen Serie. Waren es deutsche Zeppeline – oder vielleicht etwas viel Erschreckenderes?

Zu Beginn des Jahres 1909 versetzte eine Erscheinung am Himmel die Briten in Angst und Schrecken. Alles begann in der Gegend um Cambridge: Am Morgen des 23. März patrouillierte der Polizist Kettledie die Cromwell Road in Peterborough entlang, als er plötzlich ein Geräusch vernahm, das er zuerst einem hochtourig fahrenden Auto zuschrieb. Dann aber erkannte er, daß der Lärm von oben kam. Er schaute hinauf in den Himmel und erblickte ein helles Licht an einem langen, zigarrenförmigen Körper, der sich gegen die Sterne abzeichnete. Das seltsame Flugobjekt überquerte den Himmel in rasanter Fahrt und war bald seinen Blicken entschwunden.

Als er die Sichtung meldete, wurde sie mit einer gewissen Skepsis aufgenommen. Doch dann häuften sich die Augenzeugenberichte. Mehrere Menschen wollten helle Lichter oder Suchscheinwerfer an dunklen Rümpfen und Luftschiffe gesehen haben, die lärmend durch die Nacht flogen. Häufig meldeten sich auch selbsternannte Experten zu Wort, die mit allen möglichen Erklärungen für die Sichtungen aufwarteten. Im Falle von Kettles Beobachtung teilte sein Vorgesetzter der Presse mit, dahinter habe lediglich ein „sehr feiner Drachen über den Häusern der Cobden Street" gesteckt, und das helle Licht habe von einem Lampion hergerührt, der an dem Drachen angebracht gewesen sei.

„Und was ist mit der hohen Geschwindigkeit?" wollte ein Reporter wissen.

„Oh, das war schmückendes Beiwerk von Kettle, das die Sache für euch Zeitungsleute interessanter machen sollte", erwiderte der Polizeibeamte. „Im offiziellen Bericht steht davon nichts, und der Wind, der unter den Drachen fährt, würde den Eindruck von Bewegung erzeugen."

***Oben:* Das Foto zeigt den Zeppelin Mark 2, eine der frühen Konstruktionen, beim Flug über den Bodensee im April 1909. Im gleichen Jahr wurde Großbritannien durch eine Flut rätselhafter Luftschiff-Beobachtungen in Aufruhr versetzt. Viele glaubten, die Deutschen unternähmen Aufklärungsflüge, um eine Invasion Großbritanniens vorzubereiten. Doch waren die deutschen Luftschiffe für solch gefährliche Missionen absolut ungeeignet.**

***Unten:* In der Cromwell Road in Peterborough wurde das erste „Geisterschiff" gesichtet.**

„Aber wie erklären Sie sich die Motorengeräusche?" hakte der Reporter nach. Die Antwort kam eher beiläufig: „Ach, das war der Motor, der die ganze Nacht in der Genossenschaftsbäckerei in der Cobden Street läuft."

Die Bagatellisierung von Kettles Beobachtung wäre vielleicht eher gelungen, wenn sie kurz nach dem Vorfall vorgebracht worden wäre. Doch die Polizei brauchte mindestens sechs Wochen, um sich auf diese vereinfachende Erklärung des Luftschiff-Rätsels zu einigen. Man hatte es schließlich vorgezogen, den Polizisten Kettle als Einfaltspinsel darzustellen, der einen Drachen nicht von einem Luftschiff unterscheiden konnte, anstatt öffentlich einer so unwahrscheinlichen Geschichte nachzugehen. Anfangs schien es sich bei Kettles Beobachtung um einen Einzelfall zu handeln. Dann aber wurden täglich aus ganz Südostengland ähnliche Sichtungen gemeldet, darunter von einem Mann namens C.W. Allen. Als er mit einigen Freunden das Dorf Kelmarsh, Northamptonshire, durchfuhr, hörten sie plötzlich einen lauten Schlag. Dann vernahmen sie über sich das Knattern eines Motors. Obgleich der Himmel dunkel war, konnten sie ein 30 Meter langes, torpedoförmiges Luftschiff ausmachen, das an Bug und Heck Lichter trug. Es bewegte sich rasch vorwärts: Trotzdem konnten die Augenzeugen unter dem Luftschiff eine Plattform erkennen, die anscheinend die Mannschaft beherbergte. Dann verschwand das Objekt in Richtung Peterborough.

Rechts: Am 19. Mai 1909 berichtete die walisische Zeitung Cardiff Evening Express and Evening Mail über die Sichtung des mysteriösen Luftschiffes am 18. Mai auf einem einsamen Berg (im Bild ein Ausschnitt aus dem Bericht). Der Augenzeuge hatte ein „langes, röhrenförmiges Objekt" am Straßenrand im Gras liegen gesehen. Später fand man an der Stelle Zeitungsausschnitte mit Berichten über Luftschiffbeobachtungen und deutsche Militärangelegenheiten.

Unten: Vor dem Ersten Weltkrieg steckte der britische Luftschiffbau noch in den Kinderschuhen. Auf der Aero Show von 1909 wurde der Wellman vorgestellt. In Großbritannien nahmen die staatlichen Luftschiffswerften 1907 ihre Arbeit auf, doch waren bis Kriegsausbruch 1914 erst fünf Fahrzeuge fertiggestellt.

Es gab noch viele weitere Meldungen dieser Art. Worum aber handelte es sich bei diesen Objekten? Die Luftschiffe des Grafen Zeppelin waren in England sehr wohl bekannt. Und da das Verhältnis zwischen Großbritannien und Deutschland damals von Feindseligkeit geprägt war, entstand das Gerücht, die Deutschen unternähmen mit ihren Zeppelinen Aufklärungsflüge.

Dagegen sprach jedoch vor allem die immense Zahl von Sichtungen, die bald aus allen Gegenden Großbritanniens gemeldet wurden. Deutschland hatte dagegen zum damaligen Zeitpunkt kaum die Mittel für so viele Aufklärungsflüge. Aus diesem Grunde taten einige Zeitungen das gesamte Phänomen als reine Phantasterei ab und verwiesen die vorgeblichen Augenzeugen an die Psychiatrie. Ein Psychologe fand folgende Deutung:

PERSPEKTIVEN

EINE PHANTOMFLOTTE?

Handelte es sich bei den mysteriösen Luftschiffen, die 1909 wiederholt über Großbritannien gesichtet wurden, möglicherweise um deutsche Zeppeline? Dies ist unwahrscheinlich. Der Pionier des deutschen Luftschiffbaus war Graf Ferdinand von Zeppelin (rechts). Kurz vor seinem 62. Geburtstag, im Juli 1900, startete seine erste Entwicklung, das Luftschiff Zeppelin 1 – oder LZ1 – am Bodensee zum Jungfernflug. Die LZ1, einfach ein riesiger, mit Gas gefüllter und von einem Motor angetriebener Sack, blieb etwas über 17 Minuten in der Luft. Dennoch

wurde dieser kurze Flug als vielversprechender Beginn einer großen Zukunft gesehen. Graf Zeppelin brachte ein ehrgeiziges Konstruktionsprogramm auf den Weg. Doch existierten 1909 nach einer Reihe von Verlusten und dadurch bedingten Finanznöten nur drei einsatzfähige Luftschiffe: die LZ3, aus einem verunglückten Vorgänger zusammengebaut, die LZ5 und die LZ6. Nur zwei von ihnen, nämlich die LZ3 und die LZ5, wurden militärisch genutzt. Allerdings waren sie 1909 noch im Entwicklungsstadium und gewiß nicht für lange und gefährliche Flüge oder schnelle Manöver geeignet, wie sie von den zahlreichen Augenzeugen beobachtet wurden.

„Zwei von 1000 Menschen sehen jede Nacht seltsame Dinge – bunte Ratten, leuchtende Uhus, bewegliche Lichter, feurige Kometen und dergleichen mehr. Man bekommt also stets reichlich Hinweise dieser Art, vor allem, wenn man dem Patienten zunächst Entsprechendes suggeriert."

Die bemerkenswerteste Beobachtung wurde von einem älteren Puppenspieler namens C. Lethbridge gemacht. Mit seinem Bericht, der am 18. Mai protokolliert wurde, verlagerte sich das Zentrum der Luftschiff-Erscheinungen von der Ostküste nach Wales. Am 17. Mai war auch im nordirischen Belfast ein längliches Objekt mit roten, blinkenden Lichtern gesichtet worden. Summa summarum schien kein Gebiet Großbritanniens von den Schrecken verschont zu bleiben. Einige Stunden nach seiner Beobachtung, die beinahe einer Begegnung der dritten Art gleichkam, erzählte Lethbridge den Reportern:

„Gestern war ich in Senghenydd und nahm den Heimweg über den Caerphilly Mountain. Bekanntlich ist es dort oben sehr einsam. Ich erreichte den Gipfel gegen 23 Uhr, und als ich ganz oben um die Kurve bog, sah ich zu meiner Überraschung ein langes, röhrenförmiges Ding neben der Straße im Gras liegen. Unmittelbar daneben waren zwei Männer emsig mit etwas beschäftigt. Wegen ihrer sonderbaren Aufmachung schaute ich sie mir genauer an: Sie schienen dicke, schwere Pelzmäntel und Pelzkappen zu tragen, die eng am Kopf anlagen. Ich hatte ziemliche Angst, trotzdem näherte ich mich ihnen bis auf etwa 18 Meter. Ich sah, daß ich mich in ihrer Kleidung nicht getäuscht hatte. Anscheinend erregte mein kleiner Karren ihre Aufmerksamkeit. Als sie mich erblickten, sprangen sie auf und redeten heftig in einer seltsamen Sprache – Walisisch oder so, aber bestimmt nicht Englisch – aufeinander ein.

Links: Wie hier dargestellt, stieg das „Geisterschiff", das am 18. Mai 1909 auf dem Caerphilly Mountain beobachtet wurde, im Zickzackkurs in die Luft und flog Richtung Cardiff davon.

Gegenüberliegende Seite ganz unten: Auf dem Ham Common, einer Grünfläche außerhalb Londons, sahen zwei Augenzeugen am Abend des 13. Mai 1909 ein bemerkenswertes Luftschiff. Die Piloten waren der Beschreibung nach ein „Yankee" und ein Deutscher. Zur Steuerung dienten Hebel, die an Zapfhähne erinnerten.

Rechts: Am 13. Mai 1909 sah ein Augenzeuge bei Kelmarsh, Northamptonshire, ein 30 Meter langes Luftschiff, das schnell in nordöstlicher Richtung flog.

Unten: Der Punch, ein satirisches Londoner Wochenblatt, druckte am 26. Mai 1909 diese Karikatur. Entsetzt starrt das Seeungeheuer, wahrscheinlich ist Nessie gemeint, auf die Schlagzeile: „Rätselhaftes Luftschiff nachts überall beobachtet." Überschrieben war die Karikatur mit der lakonischen Bemerkung: „Wenn das so weitergeht, wird der August für mich ein lauer Monat."

Sie hoben eilig etwas vom Boden auf, und dann bekam ich wirklich Angst. Das lange Ding am Boden stieg langsam in die Höhe. Ich war starr vor Erstaunen. Als es einige Fuß über dem Boden schwebte, sprangen die Männer in eine Art Käfig, der an der Unterseite angebracht war, und das ganze Gebilde stieg langsam mitsamt den Männern im Zickzackkurs in die Luft. Als sie die Telegrafendrähte, die über dem Berg verlaufen, hinter sich gelassen hatten, blitzten zwei Lichter wie elektrische Lampen auf, und das Ding stieg höher hinauf und flog in Richtung Cardiff davon."

Als Lethbridge in Begleitung von Reportern an den Ort seiner Begegnung zurückkehrte, entdeckte man mehrere Spuren, die seinen Bericht zu bestätigen schienen. Der Boden war dort, wo er das 14 Meter lange Objekt gesehen hatte, aufgewühlt wie von einem Pflug. Über die gesamte Umgebung verstreut fanden sich Zeitungsausschnitte mit Berichten von Luftschiffsichtungen und Anmerkungen zum deutschen Kaiser und seiner Armee, weiterhin reichlich Verpackungsmaterial aus Papiermaché, ein Deckel einer Dose Metallpolitur, einige Dutzend blaue Blätter mit seltsamer Beschriftung und ein Metallstift mit rotem Etikett. Darauf standen Anweisungen in französischer Sprache. Dieser Metallstift sorgte für gehörige Aufregung, da man anfangs dahinter den Teil eines Sprengkörpers vermutete. Doch ergaben nähere Untersuchungen, daß es sich vermutlich um den Ventilstößel eines Autoreifens handelte. Mehrere Augenzeugen konnten Lethbridges Geschichte untermauern. Anwohner der Salisbury Road in Cathays, Cardiff, berichteten, an jenem Abend zwischen 22.10 Uhr und 22.50 Uhr ebenfalls ein zeppelinförmiges Objekt am Himmel gesehen zu haben.

Zigarre am Himmel

Ins Bild paßte auch das schnelle „Boot in Zigarrenform", das Dockarbeiter in Cardiff zwei Stunden nach Lethbridges Begegnung aus Richtung Newport gen Osten fliegen sahen. An dem Luftschiff befanden sich zwei Lichter, und seine Motoren surrten laut. Einer der Augenzeugen sagte: „Wir konnten an Bord keine Menschen sehen, dafür war das Luftschiff zu hoch. Aber es war eindeutig ein großes Luftschiff."

Zwei Männer hatten noch Erstaunlicheres zu melden: Sie hatten am Abend des 13. Mai in der Nähe von London ein 60 bis 70 Meter langes Luftschiff beobachtet, das aussah „wie eine Sammlung großer Zigarrenkisten mit herausstehenden Enden". Die Insassen des Fahrzeugs beschrieben sie als einen glattrasierten „Yankee" und einen Deutschen, der eine Kalebassenpfeife rauchte. Der Deutsche bat um etwas Tabak, den einer der Augenzeugen ihm aus seinem Beutel gab. Obwohl sie von einem Suchscheinwerfer geblendet waren, der immer wieder über ihre Gesichter huschte, konnten die Augenzeugen sehen, daß der „Yankee" in einer Art Drahtkäfig saß. Vor ihm befand sich eine Reihe von Hebeln, die wie Zapfhähne aussahen. Der Deutsche hatte vor sich eine Karte ausgebreitet, die mit Nadeln übersät war. Den Aussagen nach fand die Begegnung ein jähes Ende, als der „Yankee" einen der Hebel herunterzog und die Lichter ausschaltete. Das Fahrzeug flog davon, ohne daß einer der beiden Fremden sich verabschiedet hätte.

Angesichts der Vielzahl bizarrer Berichte überrascht es nicht, daß das Rätsel der Geisterluftschiffe, die 1909 Großbritannien heimsuchten, niemals geklärt werden konnte.

„ZWEI VON 1000 MENSCHEN SEHEN JEDE NACHT SELTSAME DINGE."

DIE VERLORENE STUNDE

An einem ruhigen Abend fuhr Linda Taylor ihre Mutter nach Hause, als sie entsetzt feststellten, daß ein UFO über dem Auto schwebte.

Linda Taylor zeigt dem UFO-Experten Harry Harris den Ort ihrer Begegnung mit dem Raumschiff.

Es war am 10. Januar 1982. Meine Mutter und ich hatten Southport, Lancashire, um 19 Uhr verlassen, und etwa eine halbe Stunde später befanden wir uns auf der East Lancashire Road. Wir unterhielten uns, als wir plötzlich über der Straße und hinter einer Baumgruppe ein ausgedehntes und sehr grelles, weißes Licht bemerkten. Es schien auf seltsame Art zu wandern.

Dann passierte etwas ganz Seltsames. Unvermittelt verlor der Wagen ohne mein Zutun an Geschwindigkeit. Ich schaltete in den dritten Gang zurück, der Wagen wurde immer langsamer, fing an zu vibrieren, die Lichter gingen an und aus, und alle Kontrollampen blinkten auf. Ich war sehr beunruhigt und befürchtete eine Panne. Die Strecke dort ist nur wenig befahren.

Dann tauchte plötzlich wie aus dem Nichts ein schwarzer Oldtimer vor mir auf! Ich vermute, daß ein Mann am Steuer saß, denn der Fahrer wirkte sehr groß und breitschulterig. Er war dunkel gekleidet und trug eine Art Melone. Er schien sich überhaupt nicht zu bewegen, und ich stieß fast an seine hintere Stoßstange. Sein Wagen fuhr ohne Licht und hatte kein polizeiliches Kennzeichen, doch es muß ein altes Modell gewesen sein, da die Heckscheibe klein und oval war. Er schien geradezu magnetisch von meinem Auto angezogen zu werden. Meine Mutter rief: „Paß auf, gleich prallen wir aufeinander!"

Ich schaltete sofort in den zweiten Gang, um einen Zusammenstoß zu verhindern, aber ich hatte das Fahrzeug nicht unter Kontrolle. Ich kurbelte das Fenster herunter, um mich mit dem Mann zu verständigen, und da sah ich wieder dieses Licht. Ich schaute nach oben – und entdeckte ein UFO. Es war keine Einbildung, kein Hirngespinst, auch kein Gasballon, Hubschrauber oder Flugzeug: Es war ein UFO.

Verschiedenfarbige Lichter von etwa 1,5 Meter Durchmesser hüllten es ein, doch ich konnte die Aufbauten der Maschine deutlich erkennen. Ich schrie auf und zog sofort meinen Kopf zurück. Im gleichen Augenblick verschwand das Auto vor mir. Ich sah die Lichter einer Tankstelle, fuhr darauf zu und stieg dann aus.

Meine Mutter und ich schauten zurück, und immer noch stand der riesige Lichtschein am Himmel. Die Tankstelle war überdacht, so daß man von drinnen nicht den Himmel sehen konnte. Ein Mann tankte gerade, doch noch bevor er etwas bemerkte, flog das UFO über die Überdachung hinweg. Ich meine mich zu erinnern, daß es die Tankstelle dreimal umkreiste, aber meine Mutter glaubt, es sei nur einmal gewesen. Doch als das passierte, schien die Zeit stillzustehen. Es war ein ganz eigenartiges Gefühl. Man hörte keinerlei Geräusch, einfach nichts. Das UFO flog sehr tief über die Tankstelle hinweg und hielt über einem Baum an. Es war hell erleuchtet, von länglicher Form und hatte oben eine Kuppel.

> "ES WAR KEINE EINBILDUNG ... ES WAR AUCH KEIN GASBALLON, HUBSCHRAUBER ODER FLUGZEUG: ES WAR EIN UFO."

Es machte eine rasche Bewegung, neigte sich und begann zu vibrieren. Noch immer war nichts zu hören. Wir sahen nur, wie es aufstieg und verschwand.

Erst als wir in Hume ankamen, merkte ich, daß es nahezu eine Stunde später war, als ich glaubte. Irgendwo hatten wir diese Zeit einfach verloren. Ich setzte meine Mutter ab und fuhr zu meinem Mann nach Chorlton zurück.

Als ich zu Hause ankam, fühlte ich mich elend und zitterte am ganzen Körper. Ich klingelte, weil ich vor Aufregung meinen Schlüssel nicht finden konnte. Mein Mann öffnete mir, sah mich an und sagte: „Du hattest einen Unfall." Ich antwortete nur: „Ruf meine Mutter an. Sie wird dir alles erzählen." Dann ging ich ins Bad und mußte mich übergeben. Meine Beine waren mit merkwürdigen schwarzen und roten Flecken übersät, die am nächsten Tag verschwanden.

Ich fragte meine Mutter, ob wir es melden sollten, aber sie meinte: „Wer wird uns schon glauben? Die Zeitungen würden uns nur zum Gespött machen, und die Polizei hielte uns für verrückt." Erst neun Monate später sah ich im Fernsehen ein Interview mit Mitgliedern einer hiesigen UFO-Gruppe. Ich schrieb an den Sender und lernte so die UFO-Forscher Mike Sacks und Harry Harris kennen. Es war eine große Erleichterung für mich, jemandem von meinem Erlebnis berichten zu können.

Auch heute noch, fast zehn Jahre später, bleibt es für mich ein quälendes Erlebnis. Ich habe mich in Hypnose zurückversetzen lassen, aber es gelang mir nicht, mich an die verlorene Stunde zu erinnern. Da ich mich aber auch hier wieder furchtbar elend fühlte, sehe ich mich bestätigt, daß das, was immer mir widerfahren sein mag, erschreckend gewesen sein muß. Brachten sie meine Mutter und mich in das Raumschiff und führten Experimente mit uns durch? Ich werde es nie erfahren. Ich habe jedoch das Empfinden, verletzt und wie ein Spielzeug oder ein Tier behandelt worden zu sein, so, wie sie mir auch eine Stunde meines Lebens gestohlen haben.

Die Regressionshypnose brachte zutage, daß ich damals ohne Mantel nach Hause kam. An diese Tatsache konnte ich mich nicht bewußt erinnern.

Seit jener Zeit interessiere ich mich sehr für Ufologie und schloß mich Harry Harris' Untersuchungen an. Jeden Abend sehe ich zum Himmel und frage mich, woher sie wohl stammen und ob sie wohl wiederkommen. Ich glaube, daß es sehr reale, physische Wesen sind, die völlige Macht über unseren Verstand haben. Sie interessieren sich im Grunde nicht für uns, sondern sehen uns lediglich als Versuchskaninchen an.

Ich habe an das Verteidigungsministerium geschrieben, um zu erfahren, ob man an jenem Abend etwas Außergewöhnliches auf den Radarschirmen beobachtete oder etwas über das Flugobjekt wüßte, aber man zeigte sich wenig entgegenkommend.

UFOS: DAS GROSSE GEHEIMNIS

Die Regierung der USA hat lange jegliches Interesse an UFOs geleugnet und trotzdem Tausende von UFO-Dokumenten gesammelt – eine geheime Aktion der CIA?

Ein nicht identifiziertes Objekt überfliegt am 12. September 1972 die Wüste bei Phoenix, Arizona. Die UFO-Forschungsgruppe GSW überprüfte das Foto mit dem Computer und erklärte es für echt. Trotz solcher Beweise leugnen Regierungsstellen wie die CIA – deren Amtssiegel oben zu sehen ist – die Existenz von UFOs.

Schon seit langem behaupten UFO-Forscher, daß ihre Regierungen mehr über UFOs wissen, als sie offiziell zugeben. Ein Grund für diese Annahme besteht in der stets skeptischen Haltung von Regierungsvertretern, wenn es um eine bestimmte UFO-Sichtung geht – selbst die am besten belegten Berichte werden mit Kommentaren wie „Wetterballon" oder „Planet Venus, beobachtet unter ungewöhnlichen Bedingungen" abgetan. Ein weiteres Verdachtsmoment liegt in dem besonderen Interesse, das die Militärs bisweilen an UFOs erkennen lassen. Auch hat man immer wieder davon gehört, daß Augenzeugen zum Schweigen aufgefordert, ja sogar unter Druck gesetzt wurden. In den USA fanden viele ihre Vermutung von einem zielgerichteten Angriff der Regierung auf die Ufologie bestätigt, als 1969 der *Condon Report* veröffentlicht wurde. Im günstigsten Fall kann man diesen offiziellen UFO-Bericht als selbstgefällig, im schlimmsten Fall als absichtlich ignorant bezeichnen.

Dokumente, die die UFO-Beobachtungsgruppe Ground Saucer Watch (GSW) aufgrund des Gesetzes über die Informationsfreiheit von der US-Regierung erhalten hat, bestätigen, daß es in der Tat eine Vertuschung gegeben hat – und zwar schon seit Beginn der modernen UFO-Sichtungen gegen Ende der 40er Jahre. Die Dokumente zeigen, daß eine offizielle Linie verfolgt wird, die von höchster Ebene vorgegeben ist. Auf vielfältige Weise wurde eine Atmosphäre des Zweifels und des Spottes allen

Wie soll der Mann auf der Straße gegen solch eine Logik ankommen?

Alles geleugnet

Die Verleugnungskampagne war nicht zuletzt deshalb erfolgreich, weil bekannte Vertreter des Militärs und der Regierung UFOs als Phantasieprodukte abtaten. Die wenigen Forscher, die sich intensiv mit den Sichtungen auseinandersetzten, konnten also leicht als Außenseiter oder Spinner übergangen werden. „Es gibt nichts zu erforschen", lautet in etwa die offizielle Linie. Denn die Regierung wisse über alles, was sich da am Himmel abspiele, vollkommen Bescheid.

Dazu kam, daß man der Regierung ihre Vertuschungspolitik nicht eindeutig nachweisen konnte. Und wirklich stellt sich die Frage, warum nicht der eine oder andere ehemalige Regierungsbeamte oder Militär mit seiner Geschichte an die Öffentlichkeit getreten ist. Weit explosiver als jeder andere Skandal wäre eine Enthüllung der offiziellen Desinformation über UFOs.

Mehrmals ist die UFO-Beobachtungsgruppe GSW mit Ereignissen konfrontiert gewesen, die auf eine Einmischung der Regierung hinwiesen. Fotografien gingen verloren, Bodenmarkierungen wurden umgepflügt, Zeugen berichteten, von Vertretern des Militärs oder des Geheimdienstes zum Schweigen aufgefordert worden zu sein. Zu viele Untersuchungen wurden abrupt wegen fehlender Beweise eingestellt und machten eine eindeutige Schlußfolgerung unmöglich.

Größtenteils aufgrund der Beharrlichkeit von Todd Zechel von der GSW beschloß man, die Regierung direkt anzusprechen. Als erstes fragte GSW bei der US-Luftwaffe nach. Die typischen Antworten lauteten, daß „das Phänomen keine Technologie betrifft, die über unseren gegenwärtigen Entwicklungsstand hinausgeht und ... keine Bedrohung für die Vereinigten Staaten darstellt". Es gäbe „keinen Beweis dafür, daß die als ‚nicht identifiziert' einge-

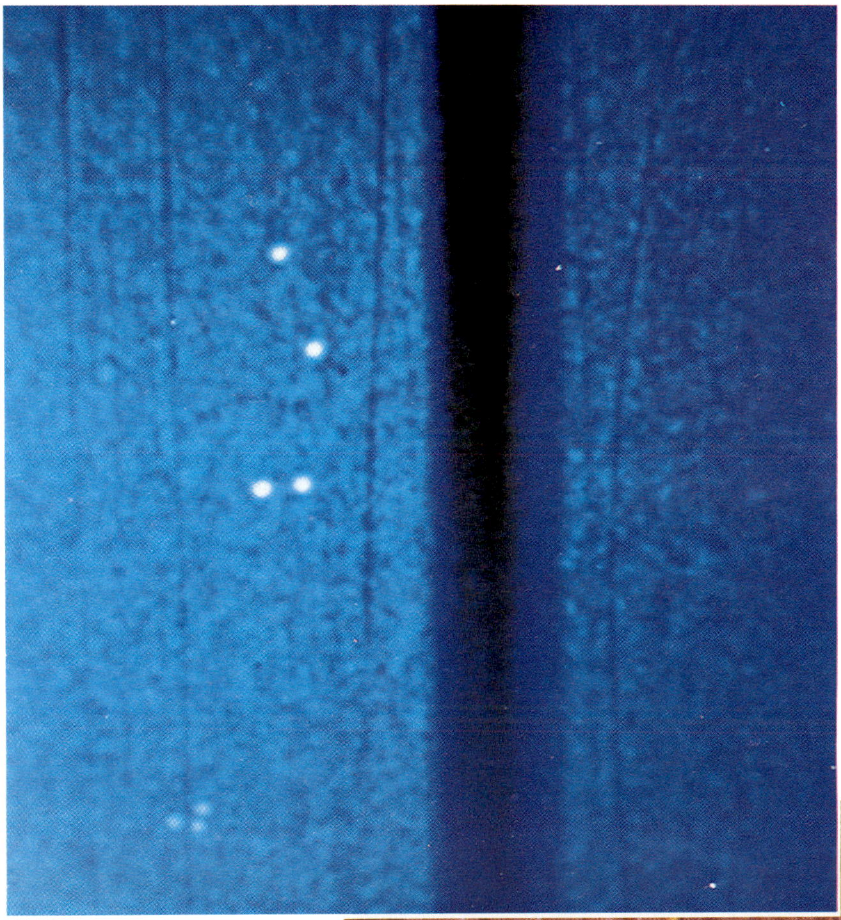

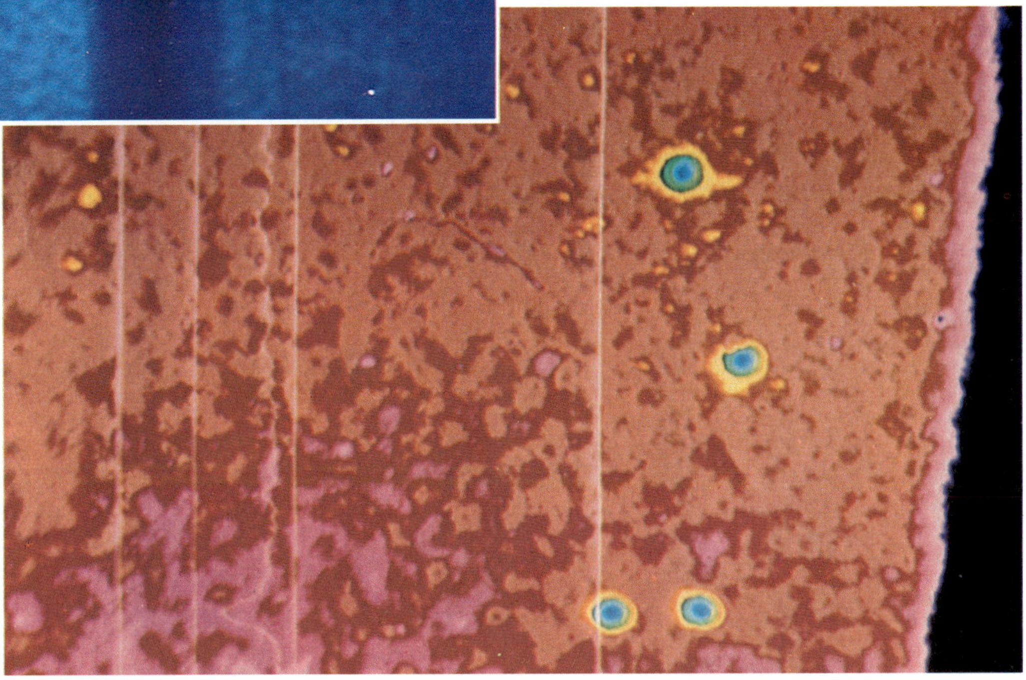

Oben: Ein Einzelbild aus dem Film von Delbert C. Newhouse vom 2. Juli 1952, elf Kilometer nördlich von Tremonton, Utah, USA. Newhouse sah in der Nähe des östlichen Horizonts „Objekte in der Form von zwei Untertassen, eine umgedreht auf der anderen". Verblüfft filmte er sie mit dem 16-Millimeter-Film. Einige Einzelbilder wurden veröffentlicht, viele sind noch in den Händen der CIA. Die UFO-Forschungsgruppe GSW analysierte die verfügbaren Bilder.

Rechts: Eines der angewandten Analyseverfahren war die Farbkontrastmethode. Dabei zeigte sich, daß die Objekte wirklich Festkörper waren. Deutlich sind die Unterschiede zu anderen Flugobjekten in Form, Reflexionsvermögen und Schwärzung zu erkennen.

Gegenüberliegende Seite Mitte und unten: Zum Vergleich ein Vogel und ein Flugzeug. GSW schlußfolgerte, daß die Bilder im Film von Newhouse ein Fluggerät von etwa 15 Meter Durchmesser in acht bis elf Kilometer Entfernung zeigen.

UFO-Berichten gegenüber geschaffen. Es ist ja höchst einfach, mehr oder weniger plausible Erklärungen für UFO-Sichtungen zu finden: leuchtende Planeten, ungewöhnliche atmosphärische Bedingungen, Meteoriten, Flugzeuge und so weiter. Diese Annäherung an das Problem zeigt immer wieder große Wirkung, da 95 Prozent aller vermeintlichen UFOs tatsächlich Fehlinterpretationen von bekannten Objekten sind. Einige skeptische Forscher behaupten sogar, daß man mit genügend Informationen jedes UFO identifizieren könnte. Wenn man sich nur darum bemühte, würde es keine Unbekannten Flugobjekte geben, denn alle Phänomene ließen sich auf durchaus „irdische" Weise erklären.

stuften Sichtungen außerirdische Objekte sind". Was hätte man auch anderes erwarten sollen? Der nächste Schritt betraf die CIA – die höchstwahrscheinlich für die Verheimlichung von UFO-Material mitverantwortlich war. Folgendes Schreiben der CIA an die GSW stammt vom 26. März 1976 und ist angesichts der späteren Ereignisse interessant:

„Um Sie über die wahren Tatsachen hinsichtlich der Einbeziehung der CIA in die Erforschung von UFO-Phänomenen in Kenntnis zu setzen, lassen Sie mich etwas auf die Geschichte eingehen. Gegen Ende 1952 forderte der Nationale Sicherheitsrat die CIA zu einer Untersuchung auf, ob die Existenz von UFOs eine Gefährdung der Sicherheit der Vereinigten Staaten darstellen würde." Zur Prüfung des Problems habe man einen wissenschaftlichen Ausschuß gebildet, der seine Empfehlungen der Robertson-Expertengruppe vorgelegt habe. „Zu keiner Zeit vor der Bildung der Robertson-Expertengruppe und nach der Abfassung des Berichtes der Expertengruppe [im Januar 1953] war die CIA mit der Erforschung von UFO-Phänomenen beschäftigt. Der Robertson-Bericht stellt die Gesamtheit der Interessen und die Einbeziehung der CIA in diese Problematik dar."

Die Schlußfolgerungen der Expertengruppe – nach einer intensiven Anhörung von führenden Piloten, Astronomen und mehreren CIA-Leuten – besagten, daß es keinen Grund zur Sorge gäbe. Der Bericht schloß jedoch mit dem Hinweis, daß es zu einer Bedrohung für das ordnungsgemäße Funktionieren der Schutzorgane des Staatskörpers „führen könnte, wenn dieses Phänomen in der Öffentlichkeit immer wieder diskutiert würde". Entsprechend waren auch die Empfehlungen abgefaßt: Die offiziellen Stellen sollen die UFO-Berichte entlarven und die Bevölkerung in der Identifizierung von Flugkörpern schulen.

In Wirklichkeit verlor die CIA die Sache 1953 nicht aus den Augen. Überprüfungen der nationalen Archive erbrachten, daß viele Berichte fehlten. Als die GSW aufgrund des Gesetzes über die Informationsfreiheit spezifische Forderungen stellte, gab man einige Dokumente frei, die jedoch so fein „gesäubert" waren, daß nur ein Gedankenleser sich darin zurechtgefunden hätte. Da entschloß sich die GSW zum Angriff über die Gerichte. Nach 14 Monaten zermürbender Prozesse gab die Regierung am 15. Dezember 1978 an die 1000 Seiten Dokumente frei – ein großer Sieg.

Oben: Forschungsdirektor Todd Zechel (links) und Direktor William H. Spaulding (rechts) von der UFO-Beobachtungsgruppe GSW.

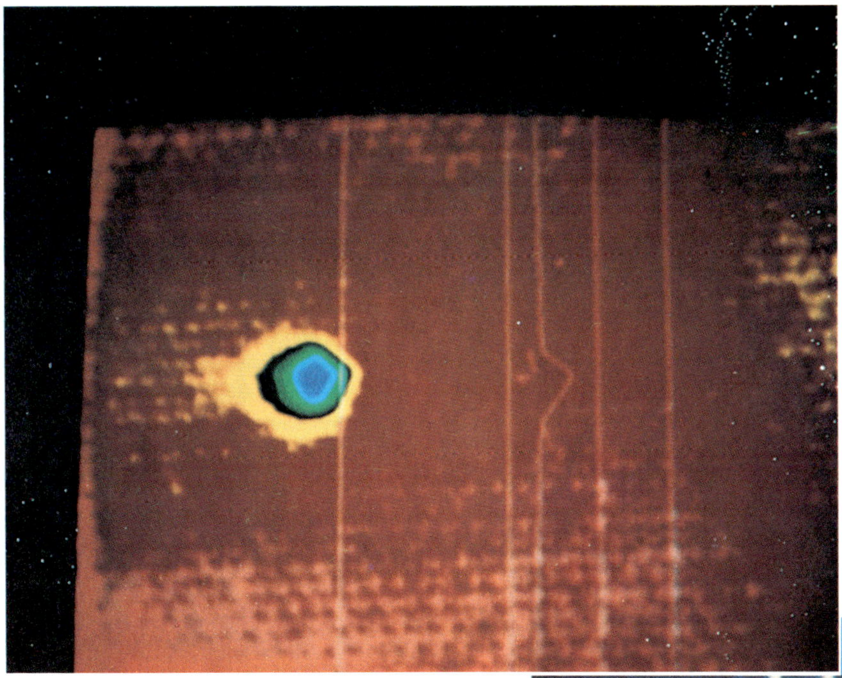

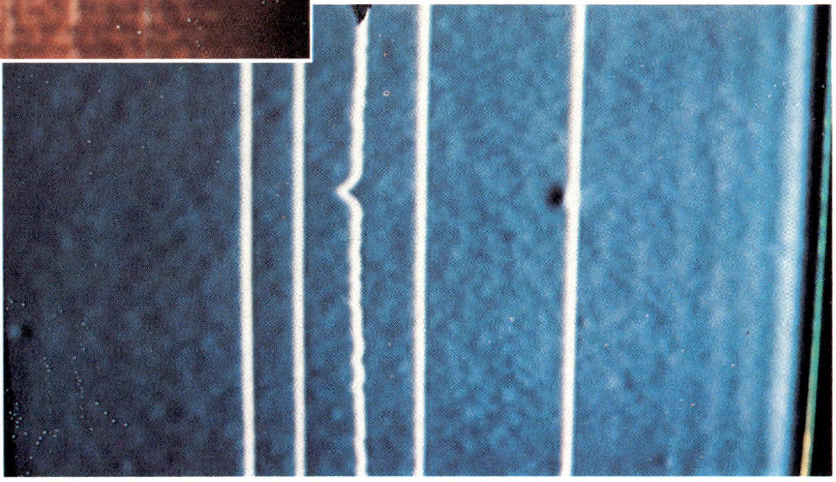

Psychologische Kriegsführung

In diesen Dokumenten fanden sich sehr aufschlußreiche Informationen. Erstens weisen sie darauf hin, daß sich die CIA schon mit UFOs beschäftigt hatte, bevor sie vom Nationalen Sicherheitsrat dazu aufgefordert wurde. Es scheint sogar, als ob die CIA dem Sicherheitsrat die Untersuchung aufgedrängt hätte! Zweitens werfen sie ein bezeichnendes Licht auf die psychologische Kriegsführung. Wovor man Angst hatte, zeigt folgende Notiz: „Ein ansehnlicher Teil unserer Bevölkerung ist gedanklich darauf vorbereitet, das Unglaubliche zu glauben. Hierin liegt das Potential für die Auslösung einer Massenhysterie und Panik." Drittens ging es um die Verletzbarkeit der amerikanischen Luftverteidigung. „Im Augenblick des Angriffs können wir nicht zwischen echtem Objekt und Phantom unterscheiden." Die Verwendung des Wortes „Phantom" ist besonders interessant, denn eine andere Mitteilung des Stellvertretenden Direktors der CIA vom November 1952 besagt offen: „Sichtungen von ungeklärten Objekten in großen Höhen, die mit hoher Geschwindigkeit in der Nähe von wichtigen Verteidigungsanlagen der USA fliegen, sind nicht auf natürliche Erscheinungen oder bekannte Typen von Luftfahrzeugen zurückzuführen."

Vor diesem Hintergrund überrascht es nicht, wenn Edward Tauss, damals ein einflußreicher CIA-Mann, seiner Behörde im August 1952 empfahl, die Beschäftigung mit dem Problem „fortzuführen" (nicht zu „beginnen"!), und hinzufügte: „Es ist jedoch dringend angeraten, der Presse oder der Öffentlichkeit keinen Hinweis auf das Interesse oder die Beteiligung der CIA zu geben, da die wahrscheinliche, alarmierende Tendenz besteht, solch ein Interesse als ‚Bestätigung' für die Echtheit von ‚nicht veröffentlichten Fakten in den Händen der US-Regierung' anzusehen."

Es ist klar, daß die Regierung – oder zumindest die CIA – an die Existenz der UFO-Phänomene glaubte und sehr beunruhigt war. Und sie war entschlossen, ihr Wissen für sich zu behalten.

Der Robertson-Bericht war nicht das letzte offizielle Wort in Sachen UFO. Schließlich behielten die Luftstreitkräfte ihr Projekt *Blue Book* (Blaues Buch) bis 1969 bei. Ein gewisser Zweifel besteht allerdings nach wie vor, ob die Mitglieder dieses Projektes von ihren Vorgesetzten und anderen Verteidigungsinstitutionen die ganze Wahrheit erfahren haben. Ein bezeichnendes Licht auf die Haltung der CIA zu Beweisen wirft das mögliche Schicksal eines Films des Marineangehörigen Delbert C. Newhouse aus dem Jahre 1952: der „Tremonton-Film", den auch die Robertson-Gruppe sah.

Es wurde mehrmals versucht, den Film zu diskreditieren. Wie der Zeuge meinte, zeigt er eine Anzahl von ungewöhnlichen Fluggeräten, die sich mit einer enormen Geschwindigkeit etwa 16 Kilometer von

Rechts: Die letzten Mitarbeiter des Projekts Blue Book *der hauptamtlichen UFO-Forschungsgruppe der US-Luftwaffe, die 1969 aufgelöst wurde, als Major Hector Quintanilla (sitzend) sie leitete. Eine tiefgründige Analyse von Tausenden von UFO-Berichten, die jedes Jahr eingingen, war von so wenig Personal keineswegs zu leisten. Das deutete auf eine Verzögerungstaktik der Luftstreitkräfte hin. Zu vermuten ist außerdem, daß die ernsthafte Forschung insgeheim bei der CIA vorgenommen wurde und das* Blue Book *eher ein Ablenkungsmanöver war.*

Im Blickpunkt

DIE MARINE, DIE CIA UND DIE UFOS

Einer der seltsamsten verzeichneten UFO-Fälle betrifft die Sichtung des amerikanischen Marineangehörigen Ralph Mayher (rechts). Das Seltsame daran war nicht die Sichtung an sich – die genauso „normal" verlief wie jede andere UFO-Sichtung auch –, sondern das, was hinterher mit Mayher und seinen Filmaufnahmen geschah.

Ralph Mayher hatte gehört, daß das Ehepaar Goldstein in der Nacht des 28. Juli 1952 in der Nähe seines Hauses ein UFO gesehen hatte: Mayher war ein erfahrener Schmalfilmer und

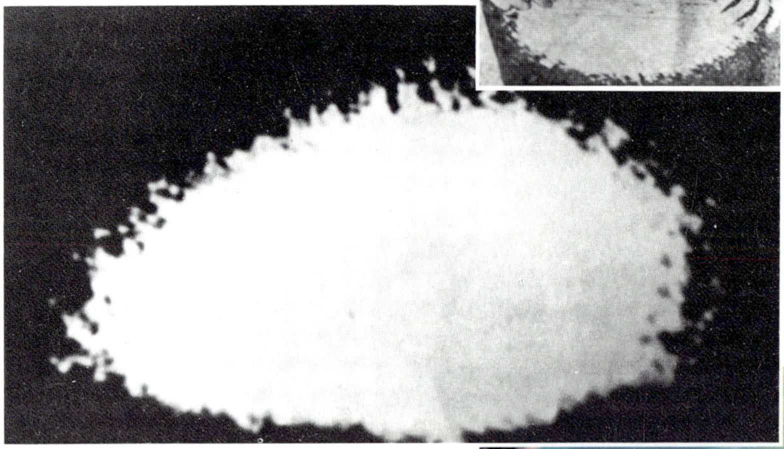

an UFOs interessiert. Also arrangierte er am nächsten Tag ein Treffen mit den Goldsteins und borgte sich eine Kamera – seiner Theorie nach erscheinen UFOs immer in kurzen Zeitabständen. Am 29. Juli um 21.30 Uhr hörte Mayher, wie eine Frau auf der anderen Straßenseite rief, daß ein UFO zu sehen wäre. Die Goldsteins und ein Nachbar, Herman Stern, erblickten ebenfalls das Objekt, das etwa drei Minuten lang über dem Ozean sichtbar blieb. Mayher konnte nur 40 Einzelbilder aufnehmen, weil ihm Bäume und Gebäude die Sicht versperrten. Das Objekt bewegte sich horizontal auf die Zeugen zu, bog dann ab und schoß davon.

Mayher ließ seinen Film sofort entwickeln. Da der Kommandeur seiner Einheit keine Einwände hatte, gab er einige Abzüge (Mitte) an die Presse; ein Radiointerview folgte. Innerhalb von 48 Stunden erschienen jedoch Ermittler der Luftstreitkräfte und verhängten eine Nachrichtensperre. Männer mit CIA-Ausweisen suchten Mayher auf und wiesen ihn an, über das Ereignis Stillschweigen zu bewahren. Auf Nachfrage sagte man Mayher, daß die Luftstreitkräfte der Meinung waren, die „winzigen Lichtpunkte" (!) seien für eine fundierte Analyse zu klein. Der Film wurde allerdings nie zurückgegeben.

Der UFO-Forscher Dr. Donald Menzel untersuchte die Bilder und glaubte, auf den Abzügen ein Spinnengewebe zu erkennen. Die Computeranalyse von GSW (unten) deutet auf ein massives Objekt von 15 Meter Durchmesser, das sich mit einer Geschwindigkeit von 4000 km/h fortbewegt.

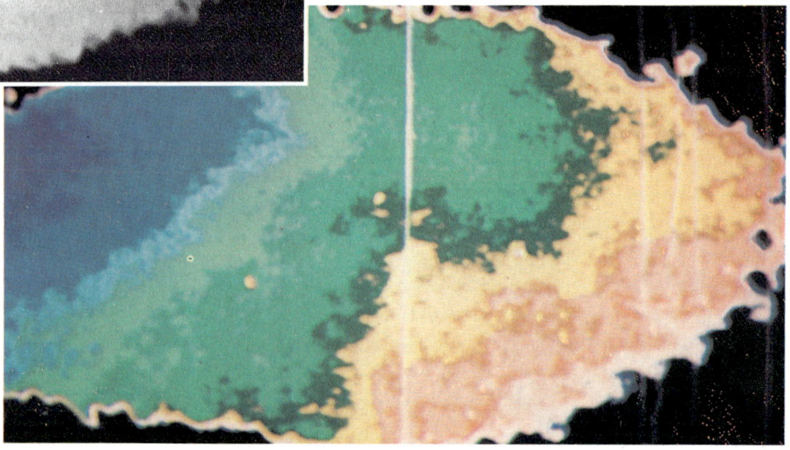

der Kamera entfernt bewegten. Der Bericht von Newhouse zu dem Zwischenfall (er war ein ausgebildeter Marinefotograf) wird durch die von der GSW durchgeführten Computertests des Films bestätigt wie auch durch das Fotolabor der Luftstreitkräfte auf der Luftwaffenbasis Wright-Patterson, das ihn als erstes analysierte. Dann erhielt das Foto-Analysezentrum NAVPIC in Anacostia, Maryland, den Film und wendete über 1000 Arbeitsstunden für die Untersuchung auf. Die Marine hatte keine Erklärung für die Objekte, meinte jedoch, sie schienen „selbstleuchtende" Kugeln zu sein, die sich mit einer Geschwindigkeit von bis zu 12 096 km/h fortbewegten. Die Robertson-Gruppe diskutierte zwei Stunden über den Film. Ihr wurde zusätzlich ein Film mit Seemöwen gezeigt, die im hellen Sonnenschein starke Lichtreflexionen hervorriefen. Die Gruppe berichtete dann, daß die „Objekte allem Anschein nach Vögel waren".

Wer hat den Film mit den Seemöwen vorgeführt? War es die CIA mit ihren Erfahrungen in der Manipulation und Suggestion? Wie auch immer, die CIA hat die Untersuchung von UFO-Filmen nicht abgebrochen. Sofort nach dem Bericht der Robertson-Gruppe wurde NAVPIC aufgelöst. Einige Mitarbeiter wurden jedoch von der CIA übernommen und bildeten dort das Nationale-Foto-Auswertungszentrum (NPIC). Dort befindet sich Material, das mindestens bis 1950 zurückgeht. Todd Zechel von der GSW meint: „Es gibt eine direkte Verbindung zwischen der Arbeit des NAVPIC an der Tremonton-Analyse und der Entscheidung der CIA, das Analyseprogramm ihrer direkten Kontrolle zu unterstellen. Mit anderen Worten: Die CIA glaubte nicht an eine fehlerhafte Tremonton-Analyse, wie sie vorgab, sondern war davon so beeindruckt, daß sie das Projekt sofort in ihr Hauptquartier übernahm."

Deckmantel für die CIA

Kein Wunder also, daß man mit dem Projekt *Blue Book* der Luftstreitkräfte kurzen Prozeß machte. Laut Todd Zechel war das Projekt „in Wirklichkeit ... nicht mehr als eine Ablenkungskampagne, hinter der die CIA ihre geheimen Forschungen durchführen konnte ... Das *Blue Book* voll zu unterstützen wäre Verschwendung gewesen, denn man hätte nur die Forschung noch einmal ausführen können, die bei der CIA bereits durchgeführt wurde. Deshalb, und zum größten Teil ohne es zu wissen, hat die Fassade des *Blue Book* die CIA in die Lage versetzt, den größten Propagandacoup in der Geschichte zu landen."

Die von der GSW übernommenen Dokumente stützen die Vermutung, daß die CIA noch UFO-Forschung betreibt. Es sind viele Berichte über UFO-Sichtungen darunter, die von den amerikanischen Botschaften im Ausland pflichtgemäß angefertigt wurden. 1976 gab es mehrere Ereignisse in Tunesien mit vielen Zeugen, Radarverfolgung und Polizeiberichten. Ein sehr besorgter Chef der Militärsicherheit, General Balma, wünschte zu wissen, ob die Sechste Flotte der USA etwas dazu sagen könnte. Obwohl die US-Regierung schon sieben Jahre zuvor angeblich jedes Interesse an UFO-Beobachtungen verloren hatte, wurden alle UFO-Berichte von den auswärtigen Botschaften an die zuständigen Stellen weitergeleitet: an die CIA und den noch undurchsichtigeren militärischen Geheimdienst DIA, an den Nationalen Sicherheitsrat, den Verteidigungsminister und den Außenminister.

Verständlicherweise gibt die US-Regierung ungern zu, daß sie ihren Luftraum nicht vollkommen unter Kontrolle hat und es durchaus unidentifizierte Flugobjekte geben könnte. Aber sind all die Vertuschungsstrategien nur darauf ausgerichtet, Bestürzung und Verzweiflung in der Bevölkerung zu vermeiden? In größte Schwierigkeiten kann kommen, wer zufällig ein UFO sieht und das den offiziellen Stellen meldet. Es ist bekannt, daß Geheimagenten diese wichtigen Augenzeugen belästigen, einschüchtern und zum Schweigen bringen. Vielleicht wird sogar ein weit übleres Spiel gespielt. Denn während die Geheimdienste versuchen, die UFO-Kontroverse zu unterdrücken, sind sie auf vielerlei Weise dabei, sie anzufachen.

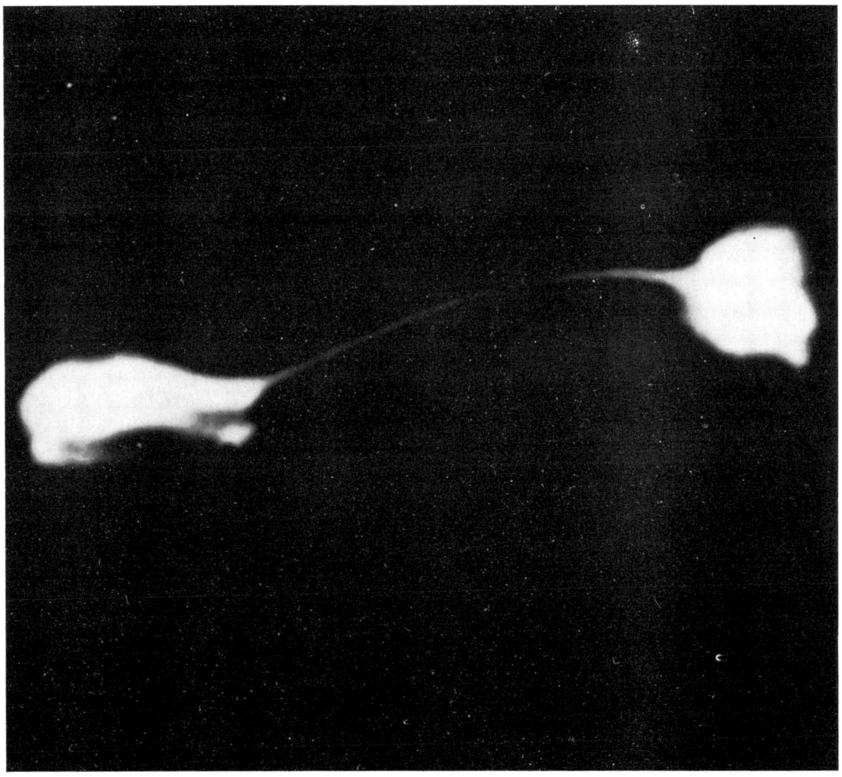

Oben: Die ungeklärte Lichtmasse, die man im Mai 1974 über Ibiza erblickte, stand für eine kurze Zeit still, bevor sie schnell in große Höhe aufstieg und verschwand. Derartige Berichte wurden von der CIA in der ganzen Welt gesammelt. Trotz offizieller Versicherungen, daß man seit 1953 kein Interesse mehr an UFOs hätte, berichten Dokumente aus den CIA-Archiven noch detailliert über Sichtungen.

" ELF PROZENT DER ERWACHSENEN BEVÖLKERUNG, MEHR ALS FÜNFZEHN MILLIONEN AMERIKANER, SAGTEN, SIE HÄTTEN SELBST EIN NICHT IDENTIFIZIERTES FLUGOBJEKT GESEHEN. DARÜBER HINAUS GLAUBTEN EINUNDFÜNZIG PROZENT DER BEFRAGTEN PERSONEN, DASS UFOS REAL SIND ... "

John Wallace Spencer, No Earthly Explanation

(Keine Irdische Erklärung)

UFO BILDARCHIV

Oben: Auf dieser Photographie von der Erdoberfläche sieht man die strahlend blaue Atmosphäre am Horizont, einige Wolkenformationen und offensichtlich ein kleines rundes UFO auf der rechten Bildseite. Diese Aufnahme, von M. Scott Carpenter, einem Astronauten der Aurora 7 aus 1600 km Höhe geschossen, wurde als Beweis dafür angesehen, daß NASA-Raumkapseln häufig von UFOs begleitet würden. Tatsächlich handelt es sich aber sehr wohl um ein identifizierbares Flugobjekt: den Wetterballon, den die Raumkapsel hinter sich herzog.

Links und unten: Diese beiden Schmalfilm-Ausschnitte zeigen nicht identifizierbare Lichter, die John Flattley und ein Freund zusammen mit ihren Familien am 18. Oktober 1977 über Stonehenge gesehen hatten. Sie sprachen von lautlosen, sich ziellos bewegenden Lichtkörpern; manchmal sahen sie nur einen, dann wieder sieben oder sogar acht recht deutlich. Für kurze Zeit standen die Lichter eine ganze Weile bewegungslos am Himmel. Ein nahegelegener Armee-Stützpunkt wurde für die geheimnisvollen Lichtquellen verantwortlich gemacht, doch die Augenzeugen beharrten darauf, daß es sich „keinesfalls um Leuchtraketen gehandelt" haben konnte.

Oben und rechts: Dieses UFO photographierte Peter Day am Morgen des 11. Januar 1973 auf einer Straße nahe dem englischen Ort Cuddington auf Schmalfilm. Er hatte das UFO etwa eine Minute lang fassungslos beobachtet, bis er schließlich seinen Wagen abstellte und zu seiner 8-mm-Kamera griff.

Das Objekt war hinter den Bäumen aufgetaucht und bewegte sich horizontal in geringer Höhe von links nach rechts. Peter Day beschrieb es als pulsierend, was den Helligkeitsunterschied auf den abgebildeten Filmbildern erklären könnte. Er erfaßte das Objekt nur etwa 15 Sekunden mit der Kamera, dann verschwand es blitzartig über den Baumwipfeln. „Es verschwand von einer Sekunde auf die andere", sagte er.

Einige Kinder und Lehrkräfte einer nur wenige Kilometer entfernten Schule konnten seine Aussage bestätigen; auch sie entdeckten etwa zum gleichen Zeitpunkt ein UFO, das ebenso plötzlich verschwand. Das UFO muß sich der Schule auf wenige hundert Meter genähert und den Boden dabei mit einem hellen Orange erleuchtet haben. Eine Lehrerin berichtete, das Objekt hätte ein paar Sekunden vor ihr in der Luft gehangen. Dio Oberseite des rotierenden Objekts ähnelte ihren Angaben zufolge einem Ball, unten hingegen war es flach.

Schmalfilme von UFOs, wie die hier gezeigten Ausschnitte, sind aus verschiedenen Gründen bedeutsam: Einbildung seitens des Beobachters läßt sich vollends ausschließen; ein sich bewegendes Objekt kann man nur äußerst schwer fälschen; relative Entfernungen – zwischen Flugobjekt und Bäumen, Häusern, der Sonne oder Sternen zum Beispiel – können auf einem Film besser eingeschätzt werden als auf einem Photo; die Bewegung des UFOs läßt sich mit der von Flugzeuglichtern, Hubschraubern, Leuchtraketen usw. vergleichen; die gewöhnlichen Erklärungen – Vogelschwärme, der Planet Venus und Wetterballons – lassen sich ausschließen. Und nicht zuletzt kann der Film in einzelne Bilder zerlegt und exakt analysiert werden.

WENN LICHTSTRAHLEN IHRE RICHTUNG ÄNDERN

Das Scheinwerferlicht von Sullivans Wagen wurde auf unerklärliche Weise scharf nach rechts abgelenkt, wie die Zeichnung zeigt.

Besitzen UFOs die Fähigkeit, Lichtstrahlen abzulenken? Können sie also die uns bekannten Gesetze der Physik außer Kraft setzen? Die folgenden beiden Fälle aus Australien und Frankreich scheinen eben dies zu belegen.

Neulinge in der UFO-Forschung, die nur mit der herkömmlichen Physik vertraut sind, wehren oft ungläubig ab, wenn sie mit Berichten über die außergewöhnlichen Phänomene konfrontiert werden, die manchmal bei UFO-Sichtungen auftreten.

Der Londoner *Daily Express* veröffentlichte am 2. April 1966 die Geschichte des 38jährigen Ronald Sullivan, der in einer mondhellen Nacht mit dem Auto auf einer Straße bei Bendigo, Südaustralien, gefahren war, als unerklärlicherweise sein Scheinwerferlicht plötzlich nach rechts abgelenkt wurde. Der Polizei in Maryborough bei Melbourne gab er zu Protokoll, daß er nur mit Mühe einen Zusammenstoß vermeiden konnte, anhielt und auf einem Feld neben der Straße „gasartige Lichter" in allen Regenbogenfarben leuchten sah. Gleich danach tauchte ein Objekt auf, das sich etwa drei Meter senkrecht in die Luft erhob und dann verschwand.

Einige Tage später erfuhr Sullivan, daß ein anderer Autofahrer, Gary Turner, am Abend zuvor an derselben Stelle tödlich verunglückt war. In der Zwischenzeit hatte die Polizei in einem frisch gepflügten Feld, 20 Meter vom Zaun entfernt, eine kreisförmige Vertiefung mit einem Durchmesser von eineinhalb Metern und einer Tiefe zwischen fünf und dreizehn Zentimetern entdeckt. Die Polizei betrachtete Sullivan, einen sehr angesehenen Geschäftsmann, als verläßlichen Zeugen und vermerkte auch seine Erklärung, er glaube nicht an UFOs.

Hier endete der Bericht des *Daily Express*. Die entsprechende Mitteilung der *Associated Press* war jedoch detaillierter. Offenbar fand Sullivans Begegnung am 4. April 1966 statt; am 8. April kehrte er an den Schauplatz zurück und erfuhr von dem tödlichen Unfall, der sich am 7. April ereignet hatte. In einer Meldung des *Melbourne Herald* hieß es ferner, er sei, bevor er zur Polizei ging, in das nahegelegene Wycheproof gefahren, um seine Scheinwerfer überprüfen zu lassen, doch man habe keinen Defekt gefunden.

Es wurde auch bekannt, daß sich der Vorfall mit dem abgelenkten Scheinwerferstrahl und der tödliche Unfall auf einem langen geraden Straßenabschnitt zwischen Bendigo und St. Arnaud ereignet hatte, und zwar an einem Punkt 15 Kilometer östlich von Bealiba, einem kleinen Ort knapp 210 Kilometer nordwestlich von Melbourne.

Die verfügbaren Informationen ließen Raum für verschiedene Spekulationen. Wurde das Scheinwerferlicht dadurch abgelenkt, daß Sullivans Wagen zufällig in das „Kraftfeld" des UFOs geriet? Oder standen die Vorfälle vom 4. und 7. April in irgendeinem Zusammenhang, und die Lichtbrechung kam durch den gezielten Anschlag einer feindlichen Macht – menschlich oder außerirdisch – zustande?

In einem Kommentar in der *Flying Saucer Review* bedauerte der Wissenschaftler Stephen L. Smith das Fehlen wichtiger Details wie etwa der Marke von Sullivans Auto, der Art des Abblendmechanismus in den Scheinwerfern und des genauen Strahlenabschnitts, an dem das Licht abgelenkt wurde. Er wies darauf hin, daß es drei Möglichkeiten gebe: Der Strahl wurde an der Lichtquelle gebrochen oder aber irgendwo in seinem Verlauf, oder er erschien durch eine Illusion oder Halluzination nicht mehr gradlinig. Smith schrieb, seine Kollegen von der Un-

Unten: Das Zentrum der ökumenischen Gemeinschaft in Taizé liegt nahe an dem Landepunkt eines womöglich außerirdischen Flugobjekts.

Ganz unten: Die Karte zeigt die UFO-Begegnung von 1972 in Taizé.
A = Position des UFOs
B = Position der Zeugen
C = Position der dunklen Masse

tersuchungsgruppe an der Cambridge Universität vermuteten, daß eine Illusion durch die plötzliche Ausschaltung der linken Komponente des Scheinwerferstrahls herbeigeführt worden sein könne. Da das Lichtbündel divergiere, sei es daraufhin nach rechts abgelenkt erschienen. Möglich wäre auch eine ungewöhnliche Reflektion, verursacht durch das Fehlen von Staubpartikeln, durch die normalerweise der Schweinwerferstrahl sichtbar werde.

Der zweite Fall ereignete sich am 12. August 1972, zehn Kilometer nördlich von Cluny im Osten Frankreichs. Am Vortag hatten sich Menschen aus allen Schichten im protestantischen Kloster von Taizé zu

Feiern versammelt, die dessen Gründer, der Mönch Roger Schutz, organisiert hatte.

Die Ereignisse von Taizé wurden der Gendarmerie in Cluny gemeldet und später der UFO-Organisation „Lumières dans la Nuit", für die ein Lehrer namens Tyrode eine Untersuchung durchführte.

Dem Bericht zufolge hatte sich eine Gruppe von etwa 35 jungen Leuten zu Diskussionen in einem Freilichttheater zusammengefunden. Es lag zwischen den Besucherzelten in der Nähe eines Hügelrückens, auf dem auch die Gebäude der Gemeinde standen. Man blickte von dort aus nach Westen über ein sanft abfallendes Tal, einen Bergrücken, der „La Cras" genannt wurde, und dahinter auf langsam ansteigende Erhebungen. Der Himmel war bedeckt, und bald begann es, leicht zu nieseln.

Marcel Tantot aus Mâcon, ein junger Mann aus Dijon und ein italienischer Student wurden gegen zwei Uhr nachts von Renata aus Sardinien auf einen „Stern" aufmerksam gemacht, der niederfalle. Bevor die anderen sich umdrehen konnten, berichtete sie jedoch schon, daß er „gelandet" sei. Auf den Hängen von La Cras war ein Objekt zu sehen, das anscheinend still stand. Alle Anwesenden hatten auch das pfeifende Geräusch gehört, als sich das UFO näherte. Es hob sich deutlich nach links von einem Kornfeld ab, vor dessen heller Farbe das UFO im Kontrast ganz dunkel erschien, und von einem hohen Baum, der rechts von ihm auf dem Bergrücken stand. Das UFO wurde als „größer als ein Bus", mindestens 30 Meter lang, eingeschätzt.

Alle konnten dann beobachten, wie das UFO „sich erhellte". Es erschienen sieben gelbe Lichter in einer Reihe, dann zwei orangefarbene links außen vom Objekt. Danach begannen fünf der gelben Lichter Strahlen auszusenden, die sich langsam zum

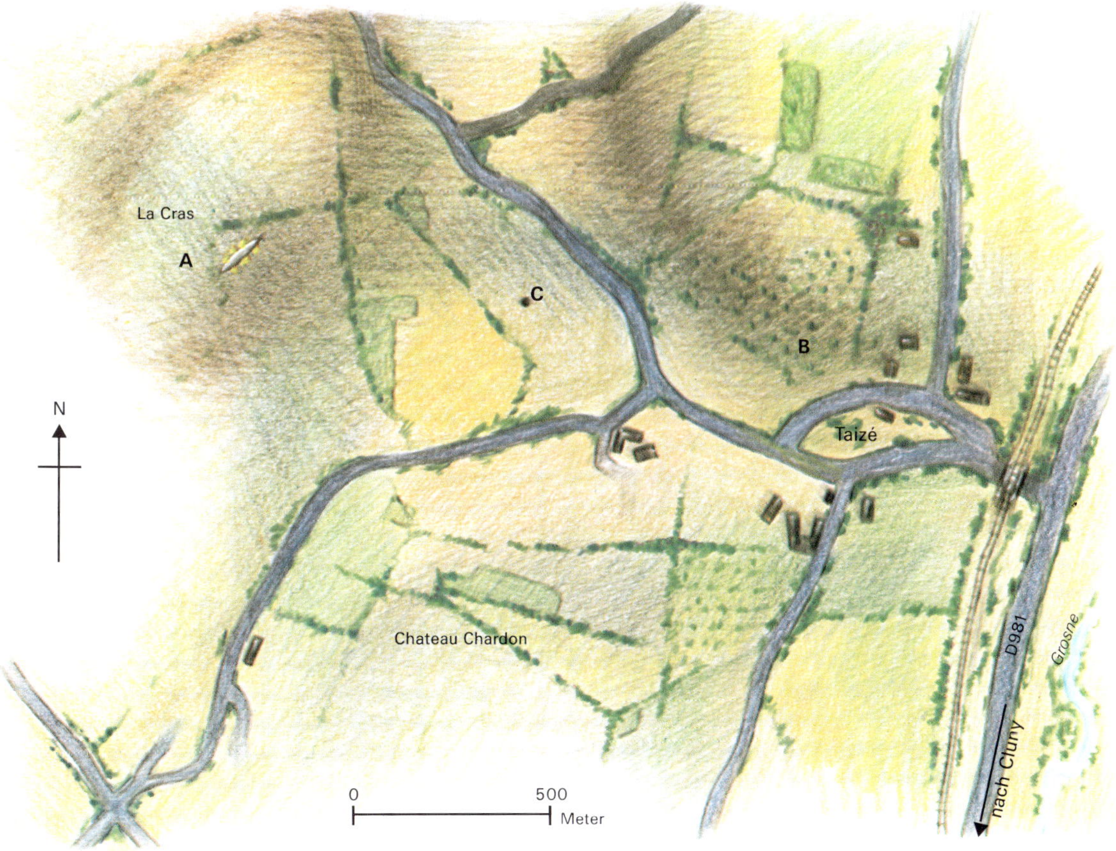

einer unregelmäßigen Bahn kreiste. Zwischen sich und der Masse glaubten die Zeugen eine etwa drei Meter hohe Hecke erkennen zu können, wußten aber, daß es an dieser Stelle keine Hecke gab. Als sich der Strahl einer Taschenlampe auf die Masse richtete, wurde er plötzlich etwa 50 Zentimeter über die Hecke senkrecht nach oben abgelenkt und verlor sich in der Luft.

Die Zeugen setzten alle Taschenlampen ein, die sie bei sich hatten, doch jeder Versuch, das Objekt anzustrahlen, scheiterte. Die Vier bekamen es mit der Angst zu tun und erwogen den Rückzug. Als die Lichter am UFO jedoch plötzlich erloschen, um gleich darauf wieder aufzublitzen, und die drei Scheiben in das große Objekt verschwanden, leuchtete Tantot noch einmal mit seiner Taschenlampe in diese Richtung. Wie zur Erwiderung richtete sich der breiteste Strahl des UFOs auf, so daß er direkt auf die Zeugen schien. Sie wurden ganz benommen, spürten eine Hitzewelle in sich aufsteigen und legten schützend die Hände vor ihre Augen. Inzwischen begann das UFO, abzuheben und plötzlich in Richtung Cluny zu beschleunigen. Es war 4.40 Uhr, als das Flugobjekt in Taizé aus dem Blickfeld verschwand.

Das UFO von Taizé sandte weiße, pfeilerartige Strahlen aus (links). Auf dem Feld (unten) zieht ein rotes Licht eine helle Looping-Bahn um die scheunenartige Masse. Währenddessen werden die Taschenlampenstrahlen der Zeugen unerklärlicherweise in die Luft abgelenkt.

Boden hin absenkten. Über den zwei Lichtstrahlen ganz links in der Reihe bemerkte man Gebilde, die wie Kuppeln aussahen. Als Tyrode das Phänomen mit den Augenzeugen erörterte, gaben einige an, die Strahlen seien Pfeiler gewesen, auf denen das Objekt ruhte.

Während die „festen" Lichtstrahlen sich auf den Boden absenkten, wurde ein Schweif von roten Funken am rechten Ende des Objekts wahrgenommen, der aber bald wieder erlosch. Stattdessen erschienen drei kleine Scheiben, jede mit zwei roten Lichtpunkten, die anschließend begannen, das „Mutter"-UFO zu umkreisen. Dies blieb so bis zum Ende der Sichtung.

UFO im Taschenlampenlicht

Gegen drei Uhr entschlossen sich die vier ersten Zeugen, das große Objekt aus der Nähe zu betrachten, und machten sich mit Taschenlampen auf den Weg über das Feld. Die übrigen 30 Zeugen beobachteten sie vom Theater aus. Sie konnten später berichten, daß die Hauptstrahlen jeweils um eine senkrechte Achse rotierten. Der zweite Strahl von links wurde plötzlich heller, und Schauer von roten Partikeln erfüllten die Luft um die vier Neugierigen und bedeckten den Boden. In weißem Licht tauchte etwas auf, das wie eine Reihe von Bullaugen aussah, und verschwand 20 Minuten später wieder, als der breite Strahl zur Linken mehrere Male aufblitzte.

Bis dahin hatte die Vorhut der Sichtungszeugen die Mitte des Feldes erreicht und bemerkte eine dunkle Masse, ähnlich einer Scheune, von fünf oder sechs Metern Höhe, um die ein roter Lichtpunkt auf

STRASSEN DER ANGST

Begegnungen mit UFOs auf einsamer Straße werden weltweit immer häufiger berichtet. Manche Menschen scheinen für solche Ereignisse geradezu auserkoren zu sein.

Einer der merkwürdigen Aspekte des UfO-Phänomens ist die Tatsache, daß manche Menschen für mehrere Begegnungen ausgewählt werden. Unsere erste Geschichte betrifft einen solchen „Wiederholungstäter", der fast 20 Jahre lang immer wieder UFO-Sichtungen und verwandte Phänomene erlebte, die schließlich in einer erschreckenden Begegnung auf einer einsamen Landstraße im Süden Frankreichs gipfelten.

Die nächste Geschichte handelt von einer Begegnung, die meßbare physikalische Folgen hatte. Neben den Störungen an Elektrogeräten, die bei UFO-Sichtungen normal sind, traten eher ungewöhnliche Auswirkungen auf. So bemerkte die Zeugin beispielsweise nach der UFO-Beobachtung, daß der vordere Teil ihres Wagens, der zuvor schmutzig war, so sauber glänzte wie nach einer Autowäsche und ihre Haare, in die sie gerade erst eine Dauerwelle hatte machen lassen, glatt herunterhingen!

Am Abend des 29. August 1975, gegen 22.45 Uhr, fuhr der 48jährige R. Cyrus, ein Geschäftsmann, der zuvor Polizeibeamter gewesen war, auf der Straße D 10 von Longages zur Einmündung der Route Nationale 125 südlich von Noé. Es handelt sich um eine ländliche Gegend, mitten im Département Haute-Garonne im Südwesten Frankreichs. Der Himmel war klar, die Nacht warm und mondhell, und es wehte ein leichter Südost-Wind. Cyrus hatte etwa drei Viertel seines Weges zurückgelegt, als er in einem Feld rechter Hand eine aluminiumfarbene Maschine bemerkte. Als er sich ein oder zwei Sekunden später fast auf gleicher Höhe mit diesem Objekt befand, begann dessen unterer Teil plötzlich phosphoreszierend zu leuchten, und es schwebte in Höhe der Motorhaube auf seinen Wagen zu.

Cyrus bremste abrupt, als sich das Objekt auch schon neigte und ihm seine Unterseite zukehrte.

Ein blendendweißes Licht fiel auf Monsieur Cyrus' Wagen, so daß er schließlich im Straßengraben landete.

Die Zeichnung zeigt, wie der rötliche Lichtstrahl auf Mr. Cyrus' Wagen fiel, ohne aber die Umgebung zu erleuchten.

Gleichzeitig wurde das Leuchten so stark, daß Cyrus geblendet die Arme schützend vor sein Gesicht warf. Sein Wagen kam von der Straße ab und landete in einem Straßengraben. Im selben Augenblick schoß das UFO in die Höhe und schwebte als Lichtpunkt am Himmel genau über dem Auto. All dies ereignete sich innerhalb von etwa fünf Sekunden, in denen das Objekt keinerlei Geräusch von sich gab.

Cyrus blieb bewegungslos in seinem Wagen sitzen, bis nach kurzer Zeit ein anderer Autofahrer anhielt, ihm von außen die Tür öffnete und sagte: „Ich dachte, Ihr Wagen sei explodiert".

Der ehemalige Polizist stand völlig geschockt mit zitternden Knien da und tastete seinen Körper ab, als wolle er fühlen, ob er noch lebte. Dann murmelte er: „Mein Gott – ist das das Ende?"

In der Zwischenzeit hatte sich das Licht des UFOs rötlich verfärbt, und seine Stärke schwankte. Cyrus blieb ungefähr eine Viertelstunde lang wie angewurzelt stehen und beobachtete dieses Phänomen. Ein kräftiger Lichtstrahl ging von dem Objekt aus und erleuchtete seinen Wagen, nicht aber die Umgebung. Mittlerweile hatten sich noch andere Menschen eingefunden, und die einhellige Meinung lautete, Mr. Cyrus solle die Angelegenheit sofort bei der Gendarmerie zu Protokoll geben. Er erklärte jedoch – und das erstaunte ihn später selbst: „Sie kennen mich ja alle; ich gehe morgen zur Gendarmerie. Jetzt fahre ich erst mal nach Hause!"

„DER EHEMALIGE POLIZIST STAND VÖLLIG GESCHOCKT MIT ZITTERNDEN KNIEN DA UND TASTETE SEINEN KÖRPER AB, ALS WOLLE ER FÜHLEN, OB ER NOCH LEBTE."

Später gab Cyrus an, er könne sich nicht erinnern, daß die Gegenwart des UFOs ihn „gelähmt" habe, doch sei seine Kehle „wie zugeschnürt" gewesen; er habe keinen Laut hervorbringen können, bis seine Autotür geöffnet wurde. Zudem traten andere körperliche Auswirkungen auf: Nach der Begegnung überkamen ihn Anfälle von Schläfrigkeit, sogar beim Autofahren, und wann immer er in einer Tätigkeit innehielt, fielen ihm die Augen zu. Kurzzeitig war auch seine Sehkraft beeinträchtigt: An den ersten beiden Tagen nach seinem Erlebnis sah er beim Aufwachen schwarze Flecke vor den Augen, fühlte sich unwohl und litt unter Kopfschmerzen.

Überraschenderweise zeigte Cyrus' Wagen keine Kratzer, Verbrennungen oder Verfärbungen. Ungewöhnlich für diese Art von Begegnung war auch, daß der Motor während des ganzen Geschehens weiterlief und auch die Scheinwerfer funktionierten.

Die Ermittler versuchten, Landespuren des UFOs ausfindig zu machen, doch ohne Erfolg. Auch Luftaufnahmen brachten kein Ergebnis.

Leider war der Autofahrer, der Cyrus nach der Sichtung die Wagentür geöffnet hatte, offenbar nicht zu einer Stellungnahme bereit, noch wollte er, daß man seinen Namen erwähnte. Es gibt jedoch zwei andere voneinander unabhängige, wenngleich vage Aussagen über Lichter am Himmel sowie über ein Licht in einem Feld abseits der Straße.

Im Verlauf ihrer Untersuchungen für die französische UFO-Organisation „Lumières dans la Nuit" stellten die Forscher, ein gewisser Mr. Cattiau und seine Kollegen, mit Hilfe der bereitwilligen Mitarbeit von Mr. Cyrus eine bemerkenswerte Tatsache fest: Cyrus gehörte anscheinend zu einer Gruppe von Menschen, die im englischen Sprachraum als „Repeaters" (Wiederholer) bekannt sind, denn er hatte schon mindestens dreimal zuvor Erfahrungen mit UFOs gemacht.

Im Jahre 1957 hielt er sich eines Abends in einem Weinberg bei Quillan in der Region Aude auf, als er gegen 20.30 Uhr zwei orangefarbene zigarrenförmige Objekte in etwa 180 Meter Entfernung entdeckte. Sie schwebten über den Weinstöcken, und ein Leiterwagen fuhr unter ihnen vorbei, doch der Fahrer schien nichts von dem Ereignis zu bemerken. Cyrus rief andere Weinbergarbeiter herbei, und als sie die Eindringlinge erblickten, rannten sie alle auf sie zu. Daraufhin entfernten sich die Objekte lautlos.

Im Herbst 1974 fuhr Cyrus gegen Mitternacht mit seiner Frau von Noé nach Muret, als sie zu ihrer Linken ein seltsames Objekt entdeckten, das nur aus blitzenden Lichtern zu bestehen schien. Doch plötzlich trat an ihre Stelle eine riesige, orangefarbene Kugel, die die ganze Gegend erleuchtete und ihren Wagen etwa acht Kilometer lang begleitete. Als die beiden in dem Dorf Ox ankamen, konnten sie die Größe der Kugel mit der der Kirche vergleichen: Das Objekt wirkte riesengroß. Bei der Weiterfahrt sahen sie ein Transformatorenhäuschen, das zu explodieren schien. Am nächsten Tag bestätigte sich, daß der Stromunterbrecher während der Nacht aus unbekannten Gründen ausgefallen war.

Auch 1975, einige Wochen vor dem Ereignis vom 29. August, so erklärte Cyrus, hatte er bereits zweimal gutturale Stimmen in einer nicht erkennbaren Sprache aus seinem Autoradio gehört, nachdem es ausgeschaltet war. Solche Phänomene gehören genaugenommen nicht in den Bereich der Ufologie. Für die Ermittler stellte sich jedoch die Frage, ob Cyrus eventuell zu tiefen Trancezuständen fähig sei oder Ansätze zum Hellsehen zeigte. In solch einem Fall wäre es möglich, daß als Vorbereitung auf seine große Begegnung am 29. August „Strahlenbotschaften" an ihn gerichtet wurden.

Ein ähnliches Phänomen hatte ein Jahr zuvor eine Frau aus Tasmanien erlebt, die anonym bleiben möchte. Am Spätnachmittag des 22. September 1974 fuhr sie mit ihrem Wagen zur Kreuzung der Straßen aus Diddleum und Tayene Plains, etwa 50 Kilometer nordöstlich von Launceston. Es regnete, und die Berge waren in Nebel gehüllt. Sie parkte den Wagen ungefähr 180 Meter von der Kreuzung entfernt, um auf einen Verwandten zu warten, den sie dort abholen sollte. Da sich auf der linken Straßenseite eine steile Böschung befand, blieb sie auf der anderen Seite stehen, damit die großen Holztransporter, die auf dieser Straße verkehrten, ihr Auto rechtzeitig sehen konnten.

Im Autoradio hörte sie noch, daß es 17.20 Uhr war, doch dann kam aus dem Lautsprecher plötzlich nur noch ein hoher, kreischender Ton, und alles um sie herum erstrahlte in einem hellen Licht, das auch in den Wagen fiel. Sie beugte sich vor, um das Radio abzuschalten, und sah plötzlich durch die Windschutzscheibe ganz deutlich ein leuchtendes orange-silbernes Objekt, das zwischen zwei Bäumen hindurch den Abhang hinunter auf sie zukam. Es hatte etwa die Ausmaße eines großen Wagens, schwebte 15 bis 18 Meter über der Erde und sank langsam auf die Straße nieder.

"...DOCH DANN KAM AUS DEM LAUTSPRECHER PLÖTZLICH NUR NOCH EIN HOHER, KREISCHENDER TON, UND ALLES UM SIE HERUM ERSTRAHLTE IN EINEM HELLEN LICHT..."

Verständlicherweise geriet die Frau in Panik. Sie versuchte im Rückwärtsgang vor dem UFO zu flüchten. Doch das seltsame Objekt kam immer näher, bis es auf Höhe des Zauns am Straßenrand war. Dann schwebte es über der Straßenmitte, etwa 25 bis 30 Meter vom Wagen der Frau entfernt. Es schien oben eine Kuppel zu besitzen, doch seine genaue Form ließ sich wegen des grellen orangegelben Lichts schwer erkennen. Unterhalb der Kuppel war es silbergrau. Zudem zog sich um das UFO ein breites Band, in dem sich nach Aussage der Augenzeugin möglicherweise Bullaugen befanden. Darunter verliefen sechs bis acht waagerechte Ringe, die sich nach unten verjüngten. Ganz unten drehte sich eine kleine Scheibe, und darunter befand sich etwas, das wie eine Kapsel oder eine Röhre aussah und ein kurzes Stück aus dem unteren Teil des Raumschiffes herausragte.

Nachdem die Frau etwa 90 Meter rückwärts gefahren war, kam sie aus Versehen von der Straße ab, und das Rad fuhr sich fest. Das UFO hielt vor dem Auto an, neigte sich dann nach rechts und schwebte fort in Richtung Südwesten auf ein Tal neben der Straße zu. Schließlich stieg es ziemlich schnell senkrecht auf, bis es außer Sichtweite war. Alles hatte sich in nur etwa drei bis vier Minuten abgespielt.

Die Frau stieg aus ihrem Wagen und rannte den ganzen Weg, etwa 1,6 Kilometer, nach Hause. Dabei hatte sie ständig das Gefühl, beobachtet zu werden, und hielt immer wieder nach dem UFO Ausschau, konnte jedoch nichts entdecken. Als sie zu Hause ankam, liefen ihr Mann und ihr Sohn zu dem Wagen und untersuchten ihn. Doch auch sie konnten nichts Ungewöhnliches feststellen.

Am nächsten Tag, als das Auto abgeschleppt wurde, fiel den Beteiligten auf, daß der vordere Teil des Wagens ungewöhnlich sauber war. Es schien, als habe der Regen vom Vortag die vordere Hälfte des Wagens saubergewaschen und den Rest schmutzig gelassen.

Nach ihrem erschreckenden Erlebnis litt die Zeugin mehrere Tage lang unter nervöser Anspannung und stand offenbar unter einem Schock. Von den Dauerwellen, die sie sich erst vor kurzem hatte machen lassen, sah man nach der Begegnung nichts mehr, und das Autoradio, das bis dahin einwandfrei funktioniert hatte, klang verzerrt. Letzteres ist ein durchaus bekanntes Phänomen bei nahen UFO-Begegnungen.

Die Augenzeugin meldete den Vorfall unverzüglich der „Royal Australian Air Force" (RAAF). Dort konnte man zwar keine Erklärung anbieten, doch man schloß Dinge wie Wetterballons, Flugzeuge, Hubschrauber und metereologische Erscheinungen als mögliche Ursachen aus. Der Fall wurde auch von einem Vertreter des „Tasmanian UFO Investigation Centre" untersucht und danach der Zeitschrift *Flying Saucer Review* mitgeteilt.

Dieses UFO wurde 1974 von einer Frau in Tasmanien gesichtet. Es war silbergrau und hatte mehrere breite Bänder unterhalb einer Kuppel, die ein starkes orange-gelbes Licht aussandte.

UFO-LICHTERREGEN

Was wollen uns UFOs mitteilen? Könnte es sein, daß ihre außerirdischen Piloten manchmal speziell für uns eine Lichtershow inszenieren?

UFO-Sichtungen sind häufig von Erscheinungen begleitet, hinter denen kein erkennbarer Sinn steckt – von Lichtern, die über den Himmel tanzen, mit Flugzeugen „Kontakt aufnehmen" oder einfach Leute in Angst und Panik versetzen, alles ohne ersichtlichen Grund. Die folgenden zwei Berichte handeln von solchen außergewöhnlichen UFO-Begleiterscheinungen. Der erste Vorfall trug sich auf den Kanarischen Inseln zu, wo es eine große Anzahl von Zeugen gab, darunter drei, denen humanoide „Piloten" buchstäblich vor ihrer Nase eine „Vorstellung" gaben. Der zweite passierte in Lot-et-Garonne im Südwesten von Frankreich. Dort erschien eines Nachts geräuschlos ein UFO über einem Acker, den ein Bauer bestellte, und verschwand ebenso sang- und klanglos wieder.

Am 22. Juni 1976 tauchte ein äußerst „aktives" UFO über den Kanarischen Inseln auf. Es wurde von vielen Zeugen gesehen, und einige ihrer Berichte wurden in der spanischen Presse abgedruckt. Damit hätte die Sache zu Ende sein können, doch zur Verblüffung aller stellte das Luftfahrtministerium dem Journalisten Juan José Benitez der Bilbaoer Tageszeitung *La Gaceta del Norte* Papiere zur Verfügung, in denen 12 UFO-Vorfälle dokumentiert waren, darunter auch der auf den Kanarischen Inseln von 1976. Ein Bericht eines Arztes aus Gran Canaria war bereits durch die internationale Presse gegangen, und die Ereignisse waren von der Besatzung eines spanischen Kriegsschiffes bestätigt und mit Fotos belegt worden, die die Polizei später beschlagnahmte.

Der Kapitän und verschiedene andere Besatzungsmitglieder der spanischen Korvette Atrevida sahen das UFO zuerst vor der Küste im Südosten von Fuerteventura. Was sie genau sahen, war ein Lichtschimmer, teils gelb und teils blau, der über das Wasser auf sie zukam, wobei das UFO beständig an Höhe gewann. Anfangs glaubten sie, es handele sich um ein Flugzeug, das die Lichter zur Landung eingeschaltet hatte, verwarfen den Gedanken aber, als das Licht „anhielt" und verlosch. Es wurde sofort durch einen rotierenden, nach unten gerichteten Lichtstrahl ersetzt, der zwei Minuten später die Form eines riesigen Halos annahm, der 40 Minuten lang Land wie Meer ringsum hell erleuchtete. Dann sahen die Seeleute erneut das gelb-blaue Licht, das sich nun in zwei Teile spaltete, wobei das blaue Licht im Halo blieb und das gelbe sich in einer Spirale nach oben schraubte und in Richtung Gran Canaria verschwand. Dort traf es drei Minuten später ein, nach dem es auf 85 Seemeilen (158 km) die Riesengeschwindigkeit von 3060 km/h erreicht hatte.

Im Norden von Gran Canaria gab es eine Anzahl von Augenzeugenberichten dieser Erscheinung, der detaillierteste stammt vom Arzt am Ort, einem gewissen Don Francisco-Julio Padron Léon. Er war auf dem Wg zu einer Patientin, der kranken Mutter eines jungen Mannes namens Santiago del Pino. Der Arzt und del Pino hatten sich ein Taxi genommen, an dessen Steuer Francisco Estévez saß. Als das Taxi in Las Rosas (zwischen Galdar und Agaete im Nordwesten der Insel) gerade eine nicht ganz ungefährliche Kurve hinter sich gelassen hatte,

Diese Illustrationen (rechts und gegenüber) eines Künstlers zeigen die spektakuläre Lichtershow, die 1976 von zahlreichen Augenzeugen über Gran Canaria und anderen Kanarischen Inseln gesichtet wurde, sowie die zwei Humanoiden, die in einer riesigen Lichterkugel eingeschlossen waren.

Diese beeindruckende Fotografie des über den Kanarischen Inseln gesichteten UFOs machte ein Anwohner. Sein Film wurde jedoch von der spanischen Polizei beschlagnahmt und erst einige Monate später wieder freigegeben.

sahen sie vor sich eine riesige Kugel mit einem blassen, graublauen Umriß, die ein paar Meter über dem Erdboden schwebte. Fast zur gleichen Zeit ging das Funkgerät im Taxi aus, und die drei Augenzeugen fingen an zu zittern, da eine Kältewelle über sie hinwegzurollen schien.

Der Taxifahrer hielt an, und alle drei starrten auf zwei enorm große Wesen, die sich in der Kugel befanden, die selbst so groß wie ein zweistöckiges Haus und völlig durchsichtig war.

Die zwei Ufonauten trugen engansitzende, tiefrote Kleidung und schwarze Helme. Keiner der Zeugen beschrieb, wie sie aussahen; man konnte anscheinend nur die Profile sehen. Sie standen sich, jeder an einer Seite, auf einem Kontrollpult auf einer Plattform gegenüber und bedienten Hebel und Knöpfe mit Händen, die in schwarzen Kegeln steckten. Dr. Padron war besonders fasziniert von ihren unproportional großen Hinterköpfen.

Plötzlich schaltete der Taxifahrer die Suchscheinwerfer ein, woraufhin die Lichtkugel emporstieg. Nun konnten die drei Männer eine durchsichtige Röhre in ihrem Innern erkennen, aus der blaues Gas oder eine blaue Flüssigkeit drang und die Kugel auffüllte, bis diese so groß wie ein Haus mit 30 Stockwerken war. Die Ufonauten und das Kontrollpult auf der Plattform behielten jedoch ihre ursprüngliche Größe bei.

Der Taxifahrer schaffte es, zu wenden und zu einer kleinen Ansiedlung ganz in der Nähe zurückzufahren. Dort erzählte ein Anwohner dem Arzt, daß sich ihr Fernseher plötzlich ausgeschaltet hatte. Eine Familie bat die drei Männer ins Haus, von wo aus sie gemeinsam das außergewöhnliche Objekt beobachteten. Sie konnten sehen, daß das blaue „Gas" seine Tätigkeit eingestellt hatte, und hörten einen hohen Pfeifton, ehe sich die Kugel blitzend und funkelnd in Richtung Teneriffa aufmachte, wobei sich ihre Form zu einer von einem Halo umgebenen „Spindel" veränderte. Aus den Papieren des Luftfahrtministeriums geht hervor,

"DER LICHTSTRAHL NAHM ZWEI MINUTEN SPÄTER DIE FORM EINES RIESIGEN HALOS AN, DER 40 MINUTEN LANG LAND WIE MEER HELL ERLEUCHTETE. DANN SAHEN SIE ERNEUT DAS GELB-BLAUE LICHT, DAS SICH IN ZWEI TEILE SPALTETE."

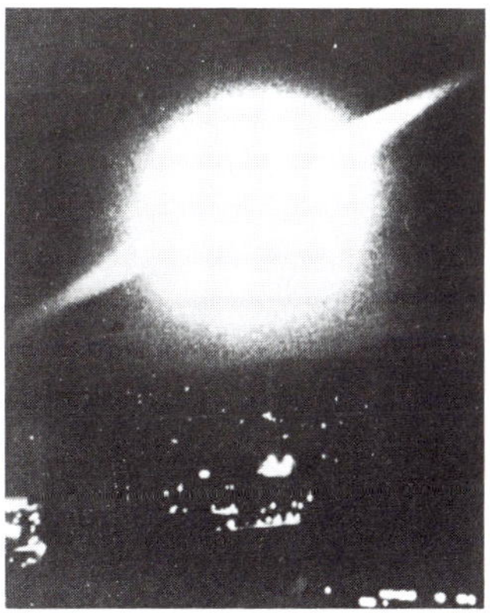

daß man Dr. Padron eine Schweigepflicht auferlegt hatte, und sein Bericht konnte der Öffentlichkeit erst dann zugänglich gemacht werden, als die offiziellen Untersuchungen des Luftfahrtministeriums Juan Benitez ausgehändigt worden waren. Allerdings war bereits etwas an die Öffentlichkeit gedrungen, ehe die Schweigepflicht verhängt wurde. Einige Zeitungen hatten von großen kugelförmigen Objekten berichtet, in denen sich Kontrollpulte und Piloten befanden; sie schwebten über einem Zwiebelfeld, dessen Ertrag zum Teil zerstört wurde. Der Bericht des Ministeriums enthielt genauere Angaben – zerstört worden war die Ernte auf einer Fläche mit einem Durchmesser von 30 Metern.

Das UFO wurde als nächstes von Hunderten von Menschen in Puerto de la Cruz gesichtet, als es über Teneriffa schwebte, dann von der Besatzung und den Passagieren einer Fähre, die zwischen Teneriffa und La Palma verkehrte. Außerdem gaben viele Bewohner der Inseln Gomera und Hierro lokalen Zeitungen und Radiosendern telefonisch ihre UFO-Sichtungen durch.

Mit Radar verfolgt

Das Dossier des Ministeriums enthielt auch einen Bericht, demzufolge das Flugobjekt auf dem Radarschirm verfolgt worden war. Außerdem wurden die Fotos erwähnt, die im Süden von Gran Canaria aufgenommen worden waren und die die Polizei beschlagnahmt hatte.

Der Augenzeugenbericht des Arztes klingt glaubwürdig. Aber war es am Ende nicht doch nur eine mit einer Fernbedienung inszenierte Show? Spekulationen darüber, worum es sich bei UFO-Erscheinungen wirklich handelt, sind nichts neues. Sind UFOs nichts anderes als Projektionen derjenigen, die das Phänomen inszenieren? Was soll uns mit diesen Lichtershows vermittelt werden? Auch bei dem nächsten Fall stellt sich diese Frage. In der Nacht vom Samstag auf Sonntag, den

"UM IHN WAR ALLES HELL ERLEUCHTET VON DEN LICHTERSÄULEN, UND SEINE ANFÄNGLICHE NEUGIER WICH IMMER GRÖSSER WERDENDER ANGST."

13./14. Nov. 1971, war das Wetter in Lot-et-Garonne im Südwesten Frankreichs (östlich von Bordeaux) nicht gerade das beste. Der Himmel war bedeckt, und es nieselte. Trotzdem war der Bauer Angelo Cellot dabei, das Feld zu pflügen, das an der Südseite an den Pfad grenzte, der sein Anwesen mit dem seines Bruders verband. Der Traktor war mit Scheinwerfern und einem beweglichen Suchscheinwerfer ausgerüstet, da Cellot häufig bis spät in die Nacht sein Feld bestellte.

Etwa um 1.50 Uhr morgens bemerkte er ein Licht, von dem er ursprünglich annahm, es gehöre zu einem Traktor eines anderen Bauern. Als er jedoch den Traktor wendete, um in Richtung Nordgrenze zu fahren, bemerkte er, daß das Licht über ihm in der Luft schwebte. Er nahm an, es handele sich um einen Hubschrauber, doch als er wieder umdrehte und in Richtung Straße zurückfuhr, sah er, daß auch das Licht die Richtung geändert hatte und ihm folgte; ihm voraus tanzte ein rotes Licht. Von der Unterseite des Lichts, das sich ca. 40 m hoch in der Luft befand, strahlten fünf helle Lichtersäulen auf den Acker hinab. Sie waren so grell, daß Cellot nichts erkennen konnte, als er seinen Suchschweinwerfer auf sie richtete.

Als Cellot am Ende der gepflügten Furche angekommen war, befand sich das Licht direkt über ihm. Um ihn herum war alles hell erleuchtet von den Lichtersäulen, und seine anfängliche Neugier wich einer immer größer werdenden Angst. Er sah, daß sich das UFO bis auf ca. 15 – 20 m dem Erdboden genähert hatte. Aus der Angst wurde nackte Panik. Cellot sprang vom Traktor herunter, ohne den Motor abzustellen oder die Scheinwerfer auszumachen, und rannte auf das Haus seines Bruders Jean zu, um Alarm zu schlagen. Er war knapp 30 m weit gerannt, als er sich umdrehte und sah, daß das UFO aufgestiegen war und sich in Richtung Norden fortbewegte. Er rannte zum Traktor zurück und schaltete den Motor und die Scheinwerfer aus. Erst dann fiel ihm auf, daß das Objekt sich völlig geräuschlos bewegt hatte. Zu seiner Erleichterung verschwand das UFO langsam hinter einer Hügelkette. Die Lust am Arbeiten war ihm vergangen. Er fuhr den Traktor in die Scheune und ging ins Bett.

Die Tageszeitung *La Dépêche du Midi* druckte Cellots Bericht ab, und so hörte die französische UFO-Forschungsgruppe GEPA davon. Oberst Pierre Berton von der GEPA befragte Angelo Cellot in Anwesenheit von zwei Polizeibeamten und hielt das Gespräch in einem offiziellen Bericht fest.

Wie in vielen anderen UFO-Sichtungen spielt auch in diesen zwei hier angeführten Licht eine zentrale Rolle. UFO-Lichter können aus hell erglühendem Licht bestehen, aus Lichterhalos, bunten Lichtern, Drehleuchtfeuern und mysteriösen leuchtenden Säulen. Die Ursache dieses Lichterregens ist jedoch völlig rätselhaft.

Der Bauer Angelo Cellot sah an einem grauen Novembermorgen auf einem Acker im Südwesten von Frankreich fünf grelle Lichtersäulen, ähnlich wie die unten abgebildeten.

LICHTER AM HIMMEL

Fotos von UFOs sind oft undeutlich oder mehrdeutig. Film- oder Videoaufnahmen von UFOs sind weitaus überzeugender und daher von größerem Interesse. Geoffrey Hall gelang es, von seinem Schlafzimmerfenster in Cornwall, England, aus mit einer Videokamera ein UFO zu filmen.

Seit 14 Jahren wohnen wir in einem kleinen Dorf in der Nähe von Liskeard, Cornwall. Jeden Morgen schaut meine Frau Joyce beim Aufstehen aus dem Fenster, um zu sehen, wie das Wetter ist. Unser Schlafzimmerfenster geht nach Süden in Richtung Looe an der Küste, die etwa 16 Kilometer entfernt ist.

Auch am Dienstag, dem 14. Januar 1992, blickte Joyce wie üblich morgens aus dem Fenster. Dieses Mal bemerkte sie erstaunt weiße Lichter, die recht eng nebeneinander am Himmel erschienen.

Insgesamt waren es fünf oder sechs. Sie verloschen und einige erschienen erneut. Diesmal waren es aber nur drei Lichter in Form eines Dreiecks. Dann gingen auch diese Lichter aus. Nach einigen Sekunden erschienen noch zwei weitere. Joyce rief mich zum Fenster.

Anfangs konnte ich gar nichts erkennen, aber dann sahen wir beide Lichter aufblinken. Dieses Mal waren es sechs, die einen Kreis wie ein Riesenrad bildeten. Sie waren unglaublich hell, viel heller als Sterne.

Ich beobachtete das Ganze ein paar Sekunden. Dann wurde mir bewußt, wie ungewöhnlich alles war. Ich rannte ins Erdgeschoß, um meine Videokamera zu holen.

Als ich mit der Videokamera wiederkam, hatte sich die Kreisformation bereits aufgelöst. Ich konnte die blinkenden Lichter jedoch noch etwa 15 Minuten lang filmen.

Oben: Die Lichterformation, die Geoffrey Hill und seine Frau, links im Bild, gesehen und gefilmt hatten, ist faszinierend. Das Licht unten links kommt aus einem fast drei Kilometer entfernten Dorf. Die Uhr in dem Recorder war noch nicht auf britische Winterzeit zurückgestellt und zeigt eine Stunde zuviel an.

Leider erschien der Lichterkreis nie wieder. Es gelang mir aber, eine Reihe von vier Lichtern, auch zweimal eine Formation von drei Lichtern und mehrere Male zwei Lichter, die zusammen erschienen, aufzunehmen. Diese Lichter verloschen immer wieder und tauchten dann an anderer Stelle wieder auf. Sie schienen in der Luft zu hängen, trieben aber sehr langsam nach rechts unten. Alle Lichter waren weiß.

Nachdem ich etwa fünf Minuten lang gefilmt hatte, beschloß ich, das Stativ zu nehmen. Der Sucher der Kamera war nur klein, und es war schwierig, die Lichter zu verfolgen.

Es war ein sehr klarer Morgen, ohne Wind, und die Sicht war ausgezeichnet. Während wir die Lichter beobachteten und filmten, wurde der Himmel schnell heller. Wir stellten eindeutig fest, daß die Lichter voneinander getrennt und nicht Teil eines großen Flugzeugs waren.

Wir hatten das Gefühl, daß es immer dieselben Lichter waren, die am Himmel auftauchten und wieder verschwanden. Die Lichter selbst bewegten sich nicht; es war vielmehr so, als ob sie sich selbst ausschalten mußten, um sich zu bewegen, und dann wieder anschalteten, nachdem sie an eine andere Stelle gelangt waren.

> "DIE UFO-FORSCHUNGSGRUPPE VON PLYMOUTH TEILTE UNS MIT, DASS DIE LICHTER ... MEHRMALS IN DER SEKUNDE AN- UND AUSGINGEN. DAS BEWEIST, DASS ES KEINE LEUCHTKUGELN ODER FLUGZEUGE GEWESEN SEIN KÖNNEN."

Wenige Minuten, nachdem ich mein Stativ aufgestellt hatte, kamen meine 20jährige Tochter und mein 14 Jahre alter Sohn, um zu sehen, was los war. Wir beobachteten dann gemeinsam die Lichter noch etwa fünf Minuten. Es war unglaublich. In all den Jahren, die wir dort schon lebten, hatte noch niemand etwas Derartiges gesehen. Um 7.29 Uhr erblickten wir wieder eine Formation von drei Lichtern; eines verlosch, die beiden anderen blieben etwa 15 Sekunden lang sichtbar. Dann verschwand eines, und um 7.32 Uhr verschwand auch das letzte. Ich ließ die Kamera noch eine Stunde lang an, es gab aber nichts mehr zu sehen.

Als ich die Lichter so betrachtete und filmte, war ich mir sicher, sie wären etwas Außergewöhnliches; als sie weg waren, hielt ich sie für Leuchtkugeln. Später am gleichen Morgen rief ich die Küstenwache von Plymouth und Falmouth an, um herauszufinden, ob es sich wirklich um Notsignale gehandelt hatte. Es hatte aber keine Notsignale gegeben. Die Küstenwache hatte keine Vorstellung, was es gewesen sein könnte. Ich telefonierte auch mit der Luftwaffe in Plymouth, die aber ebenfalls nichts von Flugzeugen oder Leuchtkugeln in diesem Gebiet wußte.

Die Lichter waren aus der Richtung eines Militärschießplatzes bei der Küste von Tregantle gekommen. Auch dort rief ich an. Sie sagten mir, daß an dem Morgen weder geschossen worden wäre noch Übungen stattgefunden hätten.

Als nächstes versuchte ich es bei der HMS Cambridge, einer örtlichen Marinebasis, und sprach mit dem Verantwortlichen für küstennahe Übungen. Auch er teilte mir mit, daß es an diesem Morgen keine Übungen gegeben hatte. Am Abend setzte ich mich mit der UFO-Forschungsgruppe PUFORG von Plymouth in Verbindung. Sie wußten von Berichten über „Lichter" aus dem Gebiet Downderry. Seit unserer Beobachtung haben wir von einem Paar gehört, das bei einem Spaziergang am Strand von Downderry ebenfalls weiße Lichter am Himmel gesehen hatte. PUFORG gab an, die Lichter seien eine relativ häufige Erscheinungsform von UFOs und es gäbe viele örtliche Berichte von ähnlichen Erscheinungen.

Nach Überprüfung des Videobandes teilte uns PUFORG mit, daß die Lichter in Wirklichkeit mehrmals in der Sekunde an- und ausgingen. Das beweist, daß es keine Leuchtkugeln oder Flugzeuge waren – jedenfalls nicht solche, wie wir sie kennen. Könnte es sich um ein seltsames meteorologisches Phänomen gehandelt haben? Was die Lichter auch waren, eines ist klar: Sie waren echt, und ich kann es beweisen.

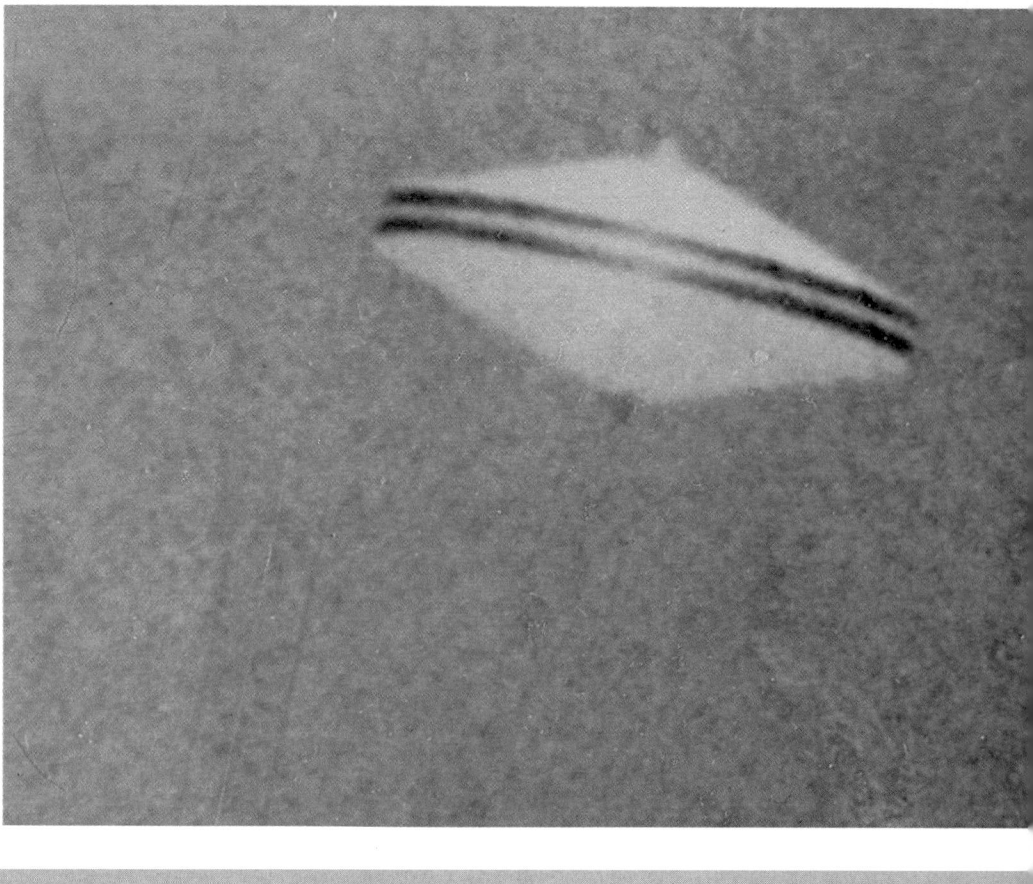

Oben: Dieses „längliche Objekt mit Buckel“ wurde am 18. Dezember 1966 über Bear Mountain im Staat New York von einem anonymen Zeugen photographiert. Die Sichtung wurde dem Projekt „Blue Book“ der amerikanischen Luftwaffe gemeldet, die zwei Aufnahmen und ein Negativ beschlagnahmte und den Zeugen befragte. Obwohl die „Blue Book“-Experten nicht nachweisen konnten, daß es sich hierbei um eine Fälschung handelte, wurde der Bericht als „Schwindel“ abgetan. Dr. J. Allen Hynek schrieb an Major Hector Quintanilla (damals Leiter des Projekts „Blue Book“): „...in Ermangelung einer zufriedenstellenden Erklärung des unbekannten Objekts scheint es nicht zulässig, [es] als ‚Schwindel‘ auszugeben ... Meiner Ansicht nach sollte ... es nicht als ‚Schwindel‘, sondern als ‚unbekannt‘ beurteilt werden.“ Dennoch lief der Fall weiterhin unter der Bezeichnung „Schwindel“.

Unten und unten links: Zwei Standbilder eines Films, die angeblich ein „herannahendes UFO" zeigen, aufgenommen von Daniel W. Fry im Mai 1964 in der Nähe seines Wohnorts in Merlin, Oregon, mit einer Bell-und-Howell-Filmkamera. Das UFO, das sich laut Fry „im Flug wie ein Kreisel drehte", war keineswegs das erste, dem er angeblich begegnet war. Bereits 1950 hätte er die Landung einer „Untertasse" beobachtet und sei im Laufe der darauffolgenden vier Jahre zur Kontaktperson der „Menschen aus dem Weltall" geworden. Die außerirdischen Besucher hätten ihm erzählt, sie seien die Abkömmlinge eines ausgestorbenen höheren Menschengeschlechts von der Erde, hätten vor über 30.000 Jahren einen nuklearen Holocaust überlebt und seien zum Mars geflohen. Später verließen sie auch den Mars, und seither lebten sie nur noch in ihrem Raumschiff.

Oben rechts und rechts: Ein weiteres „Raumschiff vom Mars", wiederum von Daniel W. Fry im Mai 1965 in Joshua Tree, Kalifornien, aufgenommen, und zwar ebenfalls mit einer Bell-und-Howell-Filmkamera. Auch dieses Raumschiff soll sich „wie ein Kreisel" gedreht haben. Fry, ein früherer Mitarbeiter der „Aerojet General Corporation" (wo er für die „Installation von Geräten zur Kontrolle und Steuerung von Raketen" verantwortlich war), gilt als technisch versierteste aller UFO-Kontaktpersonen. Skeptiker glauben denn auch, daß er gerade aufgrund seiner technischen Fähigkeiten imstande war, täuschend echt wirkende Fälschungen herzustellen – aber auch für diese These gibt es keine schlüssigen Beweise.

FLIEGENDE UNTERTASSEN AUF FILM GEBANNT

Zu einer der beeindruckendsten aller bisherigen UFO-Sichtungen kam es, als ein neuseeländisches Fernsehteam im Jahre 1978 auf zwei Suchflügen tatsächlich fündig wurde.

Am späten Abend des 30. Dezember 1978 startete ein Frachtflugzeug von Wellington, Neuseeland. An Bord befanden sich Kapitän Bill Startup, 23 Jahre Flugerfahrung; Co-Pilot Bob Guard sowie der Reporter Quentin Fogarty, Kameramann David Crockett und seine Frau, die Tontechnikerin Ngaire Crockett, ein australisches Fernsehteam. Ihr Auftrag: UFOs filmen. In den Wochen zuvor waren nämlich im Gebiet der Cookstraße, die die neuseeländische Nord- von der Südinsel trennt, mehrmals UFOs gesichtet worden. Das Unternehmen sollte tatsächlich mit einem spektakulären Erfolg enden. Nachdem die Geschichte in Hunderten von Zeitungen veröffentlicht und Ausschnitte aus dem Filmmaterial wiederholt weltweit im Fernsehen gezeigt worden waren – die BBC beispielsweise plazierte sie gar in den Abendnachrichten –, überschlugen sich Kritiker und Kommentatoren förmlich in ihren Deutungsversuchen.

Erste Begegnung

Das Flugzeug hatte die Cookstraße überquert und war in einiger Entfernung von der Nordostküste der Südinsel über dem Pazifik geflogen, als es spannend wurde. Das Fernsehteam befand sich im Frachtraum und filmte gerade die Einleitung des geplanten Films, als Captain Startup über die Sprechanlage dringend ins Cockpit bat. Die Piloten hatten seltsame Flugobjekte ausgemacht. Laut Crockett hatten sie bereits von der Flugsicherung in Wellington die Radarbestätigung eingeholt.

Als er das Cockpit betrat, sah Fogarty fünf helle Lichter in einer Reihe. Obwohl sie weit entfernt waren, konnte man erkennen, wie sie pulsierten: Anfangs lediglich stecknadelkopfgroß, schwollen sie zu glühenden Ballons an. Das Ganze wiederholte sich, als die Objekte über der Stadt Kaikoura auftauchten – diesmal unterhalb des Flugzeugs.

Über seine Kopfhörer empfing Crockett die Warnmeldung vom Kontrollturm, ein unbekanntes Objekt folge der Maschine. Captain Startup vollführte mit dem Flugzeug eine 360-Grad-Drehung, um das Objekt zu sichten. Crew und Passagiere aber konnten nichts entdecken. Doch wieder kam die Meldung: „Sierra Alpha Eagle ... ein Ziel fliegt im Verband mit Ihnen ... nimmt an Umfang zu." Diesmal waren Lichter außerhalb des Flugzeugs zu erkennen, doch konnte Crockett nicht filmen, da die Positionslichter störten. Als Co-Pilot Bob Guard sie ausschaltete, wurde draußen etwas Helles sichtbar. Da der Autopilot wieder eingeschaltet war, überließ Bob Guard seinen Platz Crockett, der das Objekt mit seiner Handkamera – für ein Stativ war im Cockpit kein Platz – nunmehr filmen konnte. Er erklärte später, daß dieser Sitztausch bei laufender Kamera vermutlich für den heftigen Ruck verantwortlich ist, der an dieser Stelle den Film verwackelte. Immerhin stand das UFO lange genug reglos in der Luft, daß Crokkett es über 30 Sekunden im Visier hatte.

Die leuchtende und sich drehende Kugel wurde am späten Abend des 30. Dezember 1978 von einem neuseeländischen Fernsehteam gefilmt. In dieser Nacht unternahm das Team auf der Suche nach UFOs zwei Flüge, und beide Male wurden Flugobjekte gesichtet.

PERSPEKTIVEN

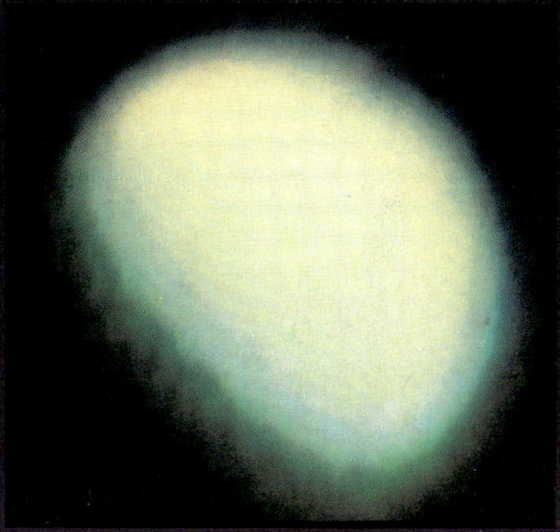

Bloßer Schein?

Eine Zeitlang bestand die Hoffnung, mit den Filmaufnahmen des neuseeländischen Fernsehteams lägen nun zum ersten Mal stichhaltige Beweise für die Existenz von UFOs vor. Schnell aber rief das Vorkommnis zahlreiche Wissenschaftler auf den Plan, die in den gefilmten Objekten alles mögliche erkennen wollten, nur keine UFOs. Einige ihrer Theorien wirken mehr als abstrus: Eine besagte gar, es handele sich um „Mondschein, von Kohlblättern reflektiert". Plausibler klang dagegen die Erklärung, es handele sich um einen Planeten. Aber um welchen? Eine Zeitung plädierte für die Venus (links), eine andere für Jupiter (unten). Aber schon ein kurzer Blick auf diese Abbildungen genügt, um die fehlende Übereinstimmung festzustellen. Auch die seriöse Tageszeitung *The Daily Telegraph* schaltete sich in die Diskussion ein. Sie ergriff Partei für die Filmdokumentation und kanzelte die Venus-Theorie mit harschen Worten ab: „Der Wissenschaftler, der annahm, sie (die Fernsehleute) hätten die Venus in einer sternklaren Nacht gesehen und sonst nichts, ist reif für die Irrenanstalt."

Rechts: Die beiden Standbilder – sie entstammen dem Filmmaterial des neuseeländischen Fernsehteams – zeigen seltsame Objekte, die, wie von der Wellingtoner Flugsicherung bestätigt, auch auf den dortigen Radarschirmen geortet wurden.

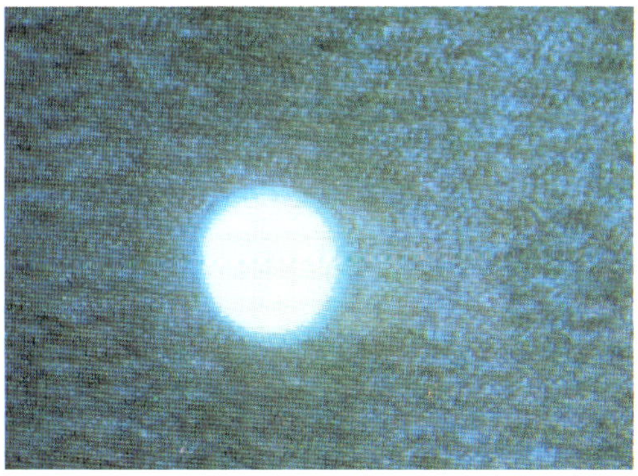

Unten: Captain Bill Startup steuerte das Flugzeug, aus dem die UFOs gefilmt wurden.

Danach flog Bill Startup eine weitere 360-Grad-Runde. Doch das UFO war nicht mehr zu sehen, obwohl sein Echo laut Kontrollturm noch auf dem Radar vorhanden war. Als sich das Flugzeug Christchurch näherte, spielte die Kraftstoffanzeige plötzlich verrückt, was jedoch nach Captain Startups Einwand durchaus vorkommen könne und nicht unbedingt auf eine UFO-bedingte Störung zurückzuführen sein musse. Inzwischen war der Kontakt mit dem Kontrollturm Wellington abgebrochen. Auch auf dem Radar von Christchurch war das Objekt ausgemacht worden, später aber, als Captain Startup und der in der Sache ermittelnde Wissenschaftler Dr. Bruce Maccabee die Radaraufzeichnungen anschauen wollten, teilte ihnen der zuständige Aufsichtsbeamte des Flughafens Christchurch mit, sie seien wie üblich inzwischen gelöscht worden.

Die Maschine landete in Christchurch, wo Crocketts Ehefrau das Team verließ und sich statt ihrer der Journalist Dennis Grant dem Unternehmen anschloß. Sie traten am 31. Dezember gegen 2 Uhr 15 morgens den Rückflug an.

Wahr oder falsch?

Ziemlich bald entdeckten die Beobachter zwei weitere seltsame Objekte. Durch seine Kamera entdeckte Crockett etwas, das aussah wie eine seitlich von Linien umgrenzte und sich drehende Kugel. Optische Unschärfen regulierten sich seltsamerweise von selbst, ohne daß Crockett die Linse eingestellt hätte. Eines der Objekte bewegte sich etwa vier Minuten lang auf dem Wetterradar der Maschine unaufhörlich hin und her. Später, als sich das Flugzeug Blenheim näherte, fielen zwei pulsierende Lichter auf, von denen eines plötzlich etwa 300 Meter in die Tiefe stürzte, um dann abrupt und in ruckartigen Bewegungen wieder aufzusteigen.

Waren es tatsächlich „fliegende Untertassen"? Anderweitige Erklärungen für dieses Phänomen wollten kein Ende nehmen: Manche behaupteten, der Film zeige möglicherweise eine „streng geheime, ferngelenkte amerikanische Drohne", andere sahen in ihm Plasma oder Kugelblitze, einen ausgemachten Schwindel, Meteoriten, „Hubschrauber bei illegalen nächtlichen Operationen", Möwensturmvögel, Lichter auf japanischen Fischerbooten oder auch „Mondscheinreflexe auf Kohlblättern" (in Kaikoura); und Patrick Moore, ein bekannter britischer TV-Astronom, vermutete „eine Spiegelung, einen Ballon oder ein außerplanmäßiges Flugzeug".

Eine Zeitung behauptete, der Film zeige den Planeten Venus, der, da mit einer Handkamera aufgenommen, nur unscharf zu erkennen sei. Eine andere schlug als möglichen Kandidaten Jupiter vor. Sie spekulierte, ein Amateur-Astronom hätte einen hochempfindlichen Film benutzt, wodurch die vier kleinen Lichtpunkte, möglicherweise die – für das menschliche Auge nicht sichtbaren – vier größten Monde Jupiters, erkennbar geworden wären.

Da das Fernsehteam die Position der Lichter in bezug auf das Flugzeug nur ungenau angeben konnte, war eine genaue Auswertung der Sichtung nicht möglich.

Äußerst interessant ist jedoch, daß die Beobachtung durch zwei unabhängige Medien, nämlich Film und Radar, bestätigt scheint. Allerdings ergeben sich auch hier Probleme: Zwar erfaßten sowohl der Boden- als auch der Bordradar der Maschine nicht näher identifizierbare Signale, doch stehen die angeblich etwa acht vom Fernsehteam beobachteten im Widerspruch zu den elf vom Bodenradar registrierten Flugobjekten. Und zu allem Überfluß wurde nur eines gefilmt. Der Radarlotse von Wellington, Ken Bigham, tat den Zwischenfall leichthin ab.

„Ich konnte drei der Echos etwa 20 Minuten lang aufzeichnen, bevor sie schließlich völlig verschwanden. Sie bewegten sich eindeutig mit einer Geschwindigkeit zwischen 92,5 und 185 Kilometer in der Stunde. Ich konnte beim besten Willen nichts damit anfangen. Das Ganze ist recht diffus. Es war einfach die Art Radarecho, wie sie ständig vorkommen kann. Denn es ist nicht ungewöhnlich, daß man es beim sogenannten passiven Radar mit seltsamen Echos zu tun hat. Gewöhnlich steckt überhaupt nichts dahinter."

Dennoch war die „Royal New Zealand Air Force" durch den Zwischenfall so beunruhigt, daß sie einen Skyhawk-Düsenjäger in volle Alarmbereitschaft versetzte. Er sollte alle weiteren UFOs abfangen. Bis Ende Januar hatte sich die Aufregung gelegt. Das neuseeländische Verteidigungsministerium erklärte die aufgefangenen Radarechos für „Störimpulse" und die unbekannten Flugobjekte für „atmosphärische Phänomene".

Was verbirgt sich also wirklich hinter diesem Vorkommnis? Der Film scheint echt zu sein, auch eine Computeranalyse ließ daran keinen Zweifel. Doch scheint es beinahe zu schön, um wahr zu sein, daß ein Fernsehteam, das mit der Absicht losflog, „fliegende Untertassen" zu filmen, mit derart spektakulären Ergebnissen zurückkehren sollte. Trotz allem muß angenommen werden, daß die Objekte in den Augen der Beobachter real waren und es sich nicht um reine Halluzinationen handelt. Der faszinierende Fall wartet nach wie vor, mit einem großen Fragezeichen versehen, auf eine zufriedenstellende Klärung.

" EINE STRENG GEHEIME, FERNGELENKTE AMERIKANISCHE DROHNE, PLASMA ODER KUGELBLITZE, METEORITEN ODER SCHWINDEL, HUBSCHRAUBER BEI ILLEGALEN NÄCHTLICHEN OPERATIONEN ODER MONDSCHEINREFLEXE AUF KOHLBLÄTTERN … ODER UFOS? "

Unten: Diese einmalige Aufnahme zeigt – so der Kameramann – das UFO bei einer „akrobatischen" Meisterleistung, nämlich einem in einer Vierundzwanzigstelsekunde vollführten Looping. Das Bild ließe sich auch damit erklären, daß die Handkamera im Augenblick der Aufnahme durch einen Stoß ruckartig bewegt wurde.

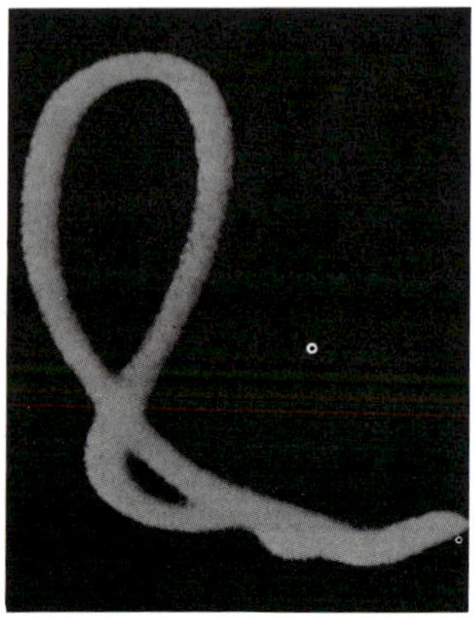

Links: Nachdem die Positionslichter ausgeschaltet waren, konnte das Fernsehteam eines der Objekte filmen, das in regelmäßigen Abständen zur Größe „eines riesigen Ballons" anschwoll.

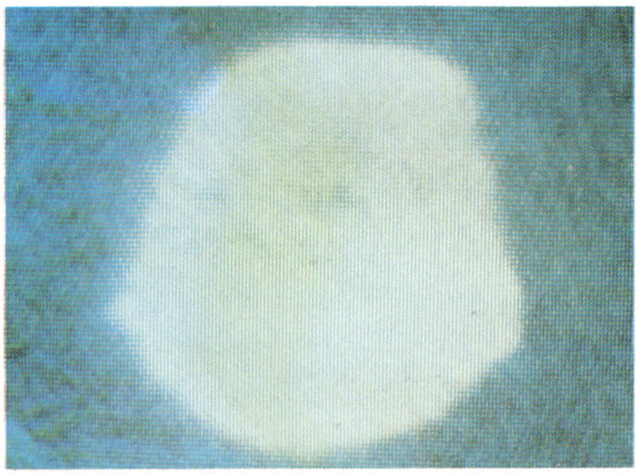

UFOs ÜBER DEM MEER

Zahlreichen Berichten zufolge landeten in der Vergangenheit UFOs auf dem Ozean oder tauchten unvermittelt aus den Tiefen des Meeres auf. Insbesondere in Südamerika häufen sich derartige paranormale Beobachtungen.

Oben: Diese Karte zeigt die brasilianischen Städte Rio de Janeiro und Santos, wo sich die drei UFO-Vorfälle ereigneten.

Unten: Darstellung des seltsamen Flugobjektes, das im Jahre 1970 von den Machados beobachtet wurde.

Meldungen über UFOs, die aus dem Meer auftauchen oder unter Wasser verschwinden, üben eine ganz eigene Faszination aus. Die folgenden Fälle ereigneten sich alle, nur etwa 320 Kilometer voneinander entfernt, südlich von Rio de Janeiro entlang der brasilianischen Küste. Jedesmal gab es mehrere Augenzeugen, die „solide" Flugobjekte gesehen haben. Lediglich im Santos-Fall ist eine konventionelle Erklärung denkbar. Sollten die Menschen aber tatsächlich nur durch eine fehlgeleitete Rakete, ein abgelöstes Geschoßmagazin oder Satelliten-Überreste genarrt worden sein, dann scheint es zumindest seltsam, daß die Behörden an den Orten des Geschehens keinerlei Wrackteile finden konnten.

Rio de Janeiro, 27. Juni 1970. Aristeu Machado und seine fünf Töchter saßen an diesem Sonntag auf der Veranda ihres Hauses an der Avenida Niemeyer Nr. 318 und waren in ein Spiel vertieft. Über die Straße hinweg konnten sie auf den Südatlantik hinausschauen. Sie hatten Besuch von ihrem Nachbarn Joao Aguiar, einem Beamten der brasilianischen Bundespolizei.

Maria Nazaré, das Hausmädchen, bereitete das Mittagessen vor und informierte die Familie, daß es

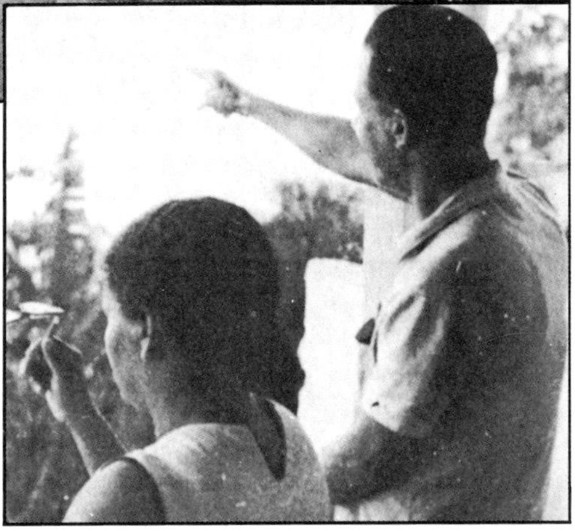

***Oben:** An dieser Straße, der Avenida Niemeyer, die in nordöstlicher Richtung an der Küste entlang verläuft, wohnten die Machados. Von ihrer Veranda aus hatten die Familie, ein Hausmädchen und ein Nachbar auf dem Meer ein sonderbares Flugobjekt samt Besatzung beobachtet.*

***Rechts:** Aristeu und seine Frau an der Stelle, von der aus sie die unerklärlichen Vorfälle, die sich auf dem Wasser abspielten, beobachteten.*

nun 11.38 Uhr sei. Zwei Minuten später schweifte Aguiars Blick zufällig aufs Meer hinaus, und er machte die anderen aufmerksam auf „ein Motorboot, das gerade auf die Wasseroberfläche aufschlug", wobei ringsum die Gischt hochspritzte.

Spiel und Mittagessen waren rasch vergessen, als die Machados und ihr Gast auf dem „Motorboot" zwei „Passagiere" erspähten, die mit den Armen etwas zu signalisieren schienen. Gegenüber Dr. Walter Buhler, der den Fall später untersuchte, sagte Aguiar aus, daß sich eindeutig zwei Personen an Bord befanden, die „glänzende Kleidung und irgendwas auf dem Kopf trugen." Das Objekt selbst war grau-metallisch, etwa fünf bis sechs Meter lang und trug eine durchsichtige Kuppel. Und noch etwas Seltsames fiel auf: zu keinem Zeitpunkt vollführte das Objekt die typische Schaukelbewegung, die ein Boot normalerweise auf den Wellen macht.

Joao Aguiar rannte zu dem nahegelegenen „Mar Hotel" und benachrichtigte die Hafenpolizei, die veranlaßte, daß den Insassen des „Motorbootes", die sich draußen vor der Küste offenbar in Schwierigkeiten befanden, sofort Hilfe geschickt wurde. Aguiar kehrte 30 Minuten später nach Benachrichtigung der Polizei zum Haus der Machados zurück.

Blinkzeichen

Von der Veranda aus konnte man nun beobachten, wie sich das Objekt der Küste entgegen bewegte. Jetzt zeigte sich, daß es scheibenförmig war. Es glitt etwa 280 Meter über die Wasseroberfläche und schob dabei eine Bugwelle vor sich her. Dann hob es ab und flog lautlos und sehr schnell in Richtung Südost davon. Erst jetzt bemerkten die Augenzeugen, daß es sich gar nicht um ein Boot gehandelt hatte, sondern um ein Objekt, das eher wie eine fliegende Untertasse aussah. An der Unterseite wurde eine Art sechseckiges Fahrwerk eingezogen, an dem abwechselnd grüne, gelbe und rote Lichter blinkten.

Sobald sich das Objekt in der Luft befand, schien es eher durchsichtig als aluminiumfarben, und Maria Nazaré sagte aus, daß sie innen deutlich zwei Wesen erkannt hatte.

An der Stelle im Meer, an der sich das UFO ursprünglich befunden hatte, sahen die Augenzeugen nun ein weißes, reifenförmiges Gebilde von der Größe einer Truhe. Das Objekt versank dann plötzlich, um kurz darauf wieder aufzutauchen, wobei sich ein ovaler, etwa 40 cm großer Abschnitt davon trennte, der ungefähr 20 cm aus dem Wasser ragte. Das Segment behielt etwa drei Minuten lang seine Position bei und bewegte sich dann auf die Küste zu. Schließlich trennte sich von diesem Oval ein grüner Teil ab, der dem Hauptgebilde in einem Abstand von etwa einem Meter folgte. Als das Oval nach einer Viertelstunde nur noch 120 Meter vom Ufer entfernt war, drehte es plötzlich scharf nach links ab und steuerte auf den Strand von Gávea zu.

Inzwischen war die Küstenwache von Fort Copacabana an der Stelle angelangt, an der das UFO vorher verharrt hatte. Die Crew mußte demnach genau beobachtet haben, wie das UFO abhob. An etwa derselben Position, an der der „Reifen" aufgetaucht war, hievten die Polizisten ein seltsames rotes, zylinderförmiges Etwas an Bord.

Die Polizei ließ später nichts darüber verlauten, was sie gesehen oder aus dem Wasser gefischt hatte. Obwohl in der Zeitschrift *Diário de Notícias* ein Artikel über den Vorfall erschien, meldeten sich keine weiteren Augenzeugen.

Am 10. Januar 1958 saßen Kapitän Chrysólogo Rocha und seine Frau auf der Veranda ihres Hauses in der Nähe von Curitiba. Sie blickten gerade auf das Meer hinaus, als sie dort eine ungewöhnliche „Insel" sahen. Der Kapitän besah sich dieses Gebilde durchs Fernglas und stellte verblüfft fest, daß es immer größer anschwoll. Er rief nach mehreren Leuten im Haus, und bald standen acht Personen auf der Veranda und beobachteten dieses merkwürdige Phänomen.

Unten: So soll das zweiteilige Flugobjekt ausgesehen haben, das Kapitän Rocah und seine Frau beobachtet haben.

Die „Insel" schien aus zwei Teilen zu bestehen, wovon einer auf dem Wasser schwamm und der andere darüber zu schweben schien. Plötzlich tauchten beide Teile weg. Kurz darauf erschien ein Dampfer und kam ganz nahe an der Stelle vorbei, wo das merkwürdige Objekt zuletzt gesichtet worden war. 15 Minuten später, als das Schiff außer Sicht war, tauchte es wieder auf. Nun konnte man

erkennen, daß das Ober- und Unterteil durch mehrere helle Röhren oder Stiele miteinander verbunden waren, in denen sich kleine Objekte „wie Perlen auf einer Kette" unregelmäßig auf- und abbewegten. Dies dauerte einige Minuten an, dann schlossen sich die beiden Teile zusammen, und das ganze Objekt verschwand unter Wasser und entzog sich endgültig den Blicken der Beobachter.

Unten: Die achtjährige Rute de Souza und mehrere Fischer hatten beobachtet, wie ein solches silbriges Objekt mit einem Palmenwipfel zusammenstieß und schließlich in einem nahegelegenen Fluß versank.

Eine der Augenzeugen, die Frau eines Armeeoffiziers, rief in der Kaserne Forte dos Andrades in Guarajá an und ließ die Luftwaffe alarmieren. Man schickte zwar sofort ein Flugzeug los, das aber erst eintraf, als das Objekt bereits verschwunden war.

Im Schlamm verborgen

Am 31. Oktober 1963 spielte die achtjährige Rute de Souza in der Nähe ihres Elternhauses in Iguape, südwestlich von Santos, als sie ein heulendes Geräusch vernahm, das immer lauter wurde. Sie sah sich nach allen Seiten um und entdeckte ein silbriges Objekt vom Himmel herunterkommen und auf den nahegelegenen Fluß zusteuern. Als das UFO über das Haus hinwegflog, streifte es eine Palme und begann in der Luft zu schlingern. Das Mädchen beobachtete, wie es in den Fluß stürzte und unterging.

Das Kind rannte nach Hause und lief auf dem Weg dorthin ihrer Mutter in die Arme, die das Geräusch ebenfalls gehört hatte und in Richtung Fluß lief, gefolgt von Raul de Souza, dem Onkel, der etwa 90 Meter vom Haus entfernt beschäftigt gewesen war. Alle drei starrten atemlos auf den Fluß hinaus. An der Stelle, wo das Objekt gesunken war, schien das Wasser zu brodeln. Dann schoß eine trübe Wasserfontäne empor, gefolgt von Schlamm.

Rute war nicht die einzige Augenzeugin: Ein paar Fischer am gegenüberliegenden Ufer hatten das UFO ebenfalls beobachtet. Einer davon, ein Japaner namens Tetsuo Ioshigawa, lieferte später eine detaillierte Schilderung. Das Objekt hatte die Form eines „Waschbeckens" und einen Durchmesser von etwa 7,5 Metern. Als es mit dem Palmenwipfel zusammenstieß, befand es sich nur noch etwa sechs Meter über dem Boden. Es herrschte die einhellige Meinung, daß das Objekt nach diesem Aufprall in Schwierigkeiten geraten sein mußte.

Viele vermuteten daraufhin, daß sich in dem schlammigen Flußbett das Wrack eines UFOs befinden müßte, aber kein Taucher konnte in dem fünf Meter tiefen Wasser etwas entdecken. Später wurde sogar mit Minensuchgeräten nach dem Objekt gefahndet, ebenfalls ohne Erfolg.

Jim und Coral Lorenzon stellten im *Bulletin of the Aerial Phenomena Research Organisation* (APRO) die Spekulation auf, es könnte sich angesichts der Größe des Objektes durchaus um ein bemanntes UFO gehandelt haben. Demnach wäre es denkbar, daß es rechtzeitig repariert wurde und entkommen konnte.

" DIE ‚INSEL' SCHIEN AUS ZWEI TEILEN ZU BESTEHEN, WOVON EINER AUF DEM WASSER SCHWAMM UND DER ANDERE DARÜBER ZU SCHWEBEN SCHIEN. PLÖTZLICH TAUCHTEN BEIDE TEILE WEG. KURZ DARAUF ERSCHIEN EIN DAMPFER UND KAM GANZ NAHE AN DER STELLE VORBEI, WO DAS MERKWÜRDIGE OBJEKT ZULETZT GESICHTET WORDEN WAR. "

UFOS VON DER ERDE

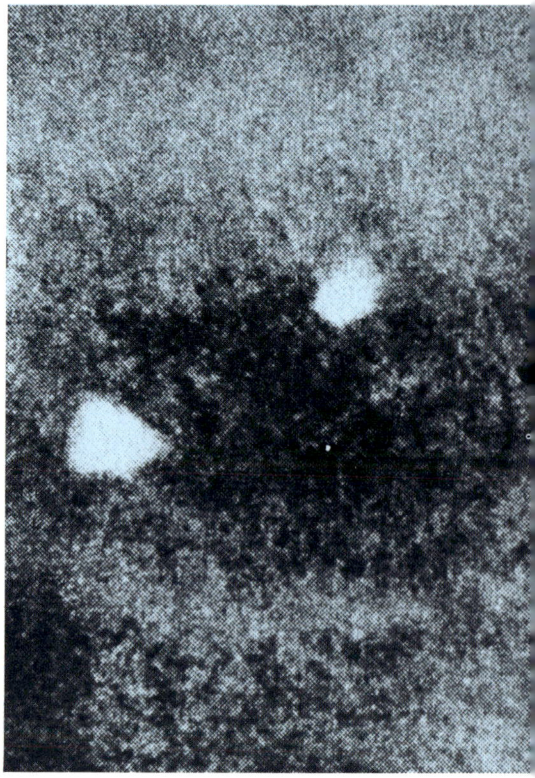

Die Nazis und später auch einige der alliierten Siegermächte bauten scheibenförmige Flugobjekte. Könnten solche ungewöhnlichen Flugzeuge manche der Berichte über UFOs erklären?

„Die Nazis haben etwas Neues in den nächtlichen Himmel über Deutschland geworfen. Es sind die geheimnisvollen ‚Feuerkugeln', die sich an die Flügel der britischen Beaufighter hängen, die in den Luftraum über Deutschland eindringen. Die Piloten treffen bei ihren nächtlichen Flügen schon seit über einem Monat auf diese ge-

Oben: Dieses Foto zeigt die geheimnisvollen Feuerkugeln zusammen mit alliierten Flugzeugen im Zweiten Weltkrieg. Einige Flugzeugbesatzungen verglichen die Feuerkugeln mit silbernem Weihnachtsbaumschmuck. Die Engländer gaben ihnen den Spitznamen „Foo-Fighter", nach dem damals populären Comic Smokey Stover, in dem der Spruch „Where there is foo, there's fire" (Wo foo ist, ist auch Feuer) häufig vorkam.

Rechts: Der Chance-Vought Flying Flapjack, auch als Navy Flounder bekannt, konnte fast senkrecht starten. Er war in der Lage, mit nur 55 km/h zu fliegen, konnte aber angeblich auch Geschwindigkeiten von über 640 km/h erreichen.

Gegenüberliegende Seite links: Das Avro-Car wurde von dem kanadischen Unternehmen Avro-Canada für die Luftstreitkräfte und die Armee der USA gebaut und von dem englischen Ingenieur John Frost konstruiert. Offiziell wurden die Arbeiten an der vielversprechenden Maschine 1960 eingestellt, obwohl man anfangs behauptet hatte, das Flugzeug könnte doppelt so schnell wie der Schall fliegen.

spenstische Waffe. Offensichtlich kann niemand sagen, worum es sich dabei handelt. Die Feuerkugeln tauchen plötzlich auf und begleiten die Flugzeuge mehrere Kilometer weit. Sie scheinen von Bodenstationen aus über Funk ferngesteuert zu werden ..."

Leutnant Schlueter von der 415. US Night Fighter Squadron berichtete zum Beispiel, in der Nacht des 23. November 1944, als er den Rhein überflog, von „zehn kleinen rötlichen Feuerkugeln" belästigt worden zu sein. Und die Piloten Henry Giblin und Walter Cleary erzählten, daß sie in der Nacht des 27. September 1944 in der Nähe von Speyer durch „ein riesiges brennendes Licht" gestört wurden, das mit einer Geschwindigkeit von etwa 400 km/h über ihrem Flugzeug flog. Die meisten der UFO-Berichte stimmten in zwei wichtigen Punkten überein: Die Feuerkugeln schienen jedesmal vom Boden her zu den Flugzeugen aufzusteigen, und sie führten gewöhnlich zu Ausfällen in der Zündanlage des Flugzeugs. Andere, von den alliierten Streitkräften nicht bestätigte Berichte lassen vermuten, daß diese Zündstörungen bei einigen Maschinen tatsächlich zum Absturz führten.

Am Anfang nahmen die Alliierten an, bei den Feuerkugeln handle es sich um elektrostatische Aufladungen. Nachdem diese Theorie widerlegt war, begann man zu glauben, daß diese Feuerbälle wahrscheinlich deutsche oder japanische Geheimwaffen wären, die die Zündsysteme der Bomber stören sollten. Eine weitere Theorie besagte, diese Objekte wären nur aus Gründen der psychologischen Kriegsführung gebaut worden und würden in den Himmel geschickt, um alliierte Piloten zu verwirren und so die Flugzeuge zum Absturz zu bringen. Letztendlich kamen sowohl die britischen Luftstreitkräfte als auch die 8. Armee der USA, die alle nicht in der Lage waren, das Geheimnis zu lüften, zu dem Schluß, daß die Feuerkugeln wahrscheinlich das Produkt einer Massenhalluzination waren.

Wenige Wochen vor Beendigung des Krieges verschwanden die Feuerkugeln vom Himmel. Interessanterweise kam es dann zwischen 1946 und 1948 in Westeuropa und Skandinavien zur nächsten Welle von UFO-Beobachtungen. In diesem Zeitraum berichteten viele Menschen, unter ihnen auch zahlreiche Flugzeugpiloten und Radarpersonal, über merkwürdige zigarren- oder scheibenförmige Objekte am Himmel. Auch in den USA gab es solche Beobachtungen. Am 21. Juni 1947 meldete Harold Dahl, er hätte untertassenförmige Objekte gesichtet, die in Richtung kanadische Grenze flogen. Drei Tage später machte Kenneth Arnold seine berühmten Beobachtungen von untertassenförmigen Objekten, die über die Kaskaden, einem Gebirgszug im Bundesstaat Washington, gleichfalls zur kanadischen Grenze flogen. Es wurde damals viel darüber spekuliert, ob die Sowjetunion und die Amerikaner nicht aus den geheimen Forschungslaboratorien Nazi-Deutschlands Forschungsobjekte weiterentwickelt und scheibenförmige Flugzeuge gebaut hätten.

Fliegende Prototypen

Spekulationen über eine Verbindung zwischen Geheimwaffen der Nazis und Beobachtungen von angeblichen „fliegenden Untertassen" wurden noch durch Artikel verstärkt, die Mitte der fünfziger Jahre in verschiedenen westdeutschen Zeitungen und Zeitschriften über Flugkapitän Rudolph Schriever erschienen. Diesen Berichten zufolge hatte der ehemalige Flugzeugingenieur der Luftwaffe im Frühjahr 1941 den Prototyp eines „fliegenden Deckels" konstruiert, der im Juni 1942 zu Testflügen startete. Zusammen mit seinen Kollegen Habermohl, Miethe und Bellonzo machte er sich im Sommer 1944 an die Konstruktion einer größeren Version der „fliegenden Scheibe". Im BMW-Werk in der Nähe von Prag wurden die Motoren der ersten Version gegen moderne Strahltriebwerke ausgetauscht.

Major Rudolf Lusars Buch *German Secret Weapons of the Second World War* (Deutschlands Geheimwaffen im Zweiten Weltkrieg) enthält eine kurze Beschreibung von Schrievers Flugzeugprojekt. „Habermohl und Schriever wählten einen großflächigen Ring, der um ein feststehendes, kuppelförmiges Cockpit rotierte. Der Ring bestand aus verstellbaren Flügelscheiben, die zum Start beziehungsweise zum Horizontalflug in die entsprechende Position gebracht werden konnten. Miethe entwickelte eine scheibenförmige Platte mit einem

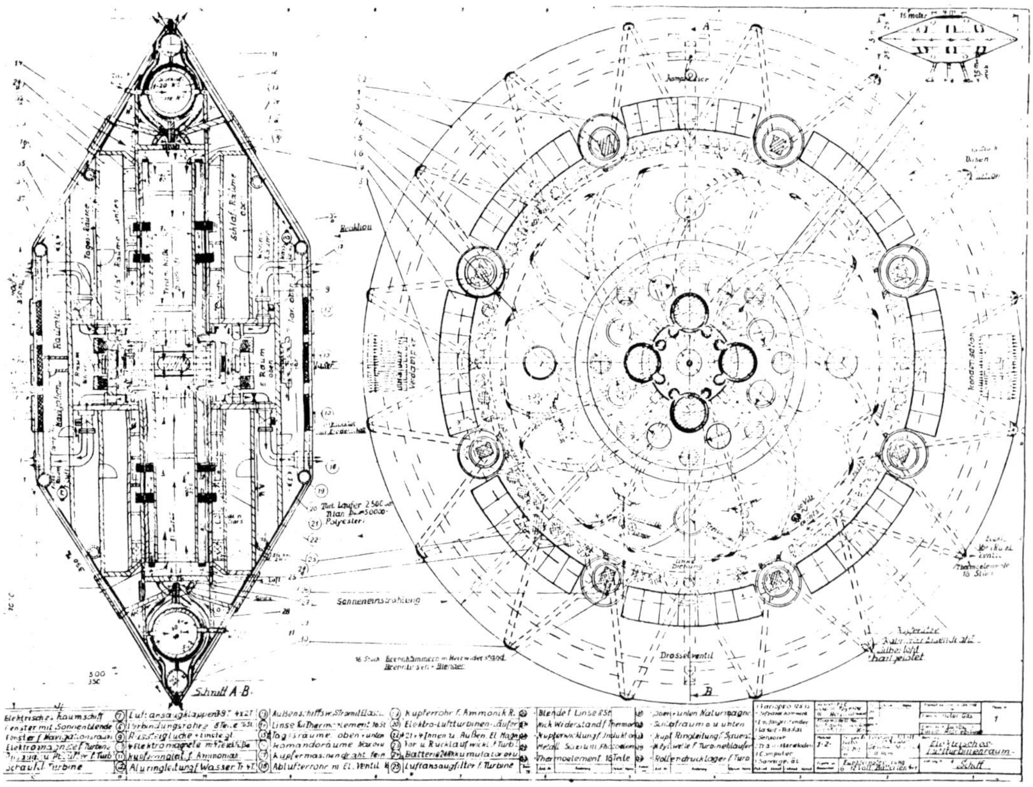

Links: Konstruktionszeichnungen für eine „fliegende Untertasse". Diese Zeichnungen wurden 1978 in der Zeitschrift **Brisant**, *der keine weiteren Ausgaben folgten,* **veröffentlicht. Brisant behauptet,** *daß es sich bei diesen Zeichnungen um Pläne für ein scheibenförmiges Raumschiff handeln würde, die von der westdeutschen Regierung verändert wurden, damit sie bei einer eventuellen Veröffentlichung nicht entschlüsselbar seien. Obwohl elektromagnetische Turbinen, Laser-Radar und Computer eingetragen sind, scheint diese Zeichnung tatsächlich nicht brauchbar zu sein.* **Brisant** *veröffentlichte die Zeichnungen, die möglicherweise von Rudolph Schrievers während des Zweiten Weltkriegs entstandenen Konstruktionsplänen inspiriert sind, zusammen mit einem Artikel über den deutschen Flugzeugingenieur.*

Durchmesser von 42 Metern, in welche verstellbare Düsentriebwerke eingesetzt wurden."

Andere Berichte machten im wesentlichen übereinstimmende Angaben zu Größe und Kapazitäten der „fliegenden Untertasse". Vom Boden bis zur Kabinenhaube soll sie 32 Meter gemessen haben, weiter konnte sie bis zu einer Höhe von ungefähr 12.000 Metern aufsteigen und im Horizontalflug eine Geschwindigkeit von 2000 km/h erreichen.

Rudolph Schriever selbst beteuerte in den späten fünfziger Jahren, daß er tatsächlich an einem Kriegsforschungsprogramm mit Namen Projekt Untertasse gearbeitet hätte. Seine „fliegende Scheibe" war Anfang 1945 für Tests bereit gewesen. Diese wurden jedoch aufgrund des Vormarsches der Alliierten abgesetzt, die Maschine wurde zerstört, und die gesamten Unterlagen gingen in den Kriegswirren verloren oder wurden gestohlen.

Nur kurze Zeit nach diesen Enthüllungen starb Schriever. Bis zum Schluß war er davon überzeugt, daß die nach dem Krieg gesehenen UFOs bewiesen, daß seine eigenen Ideen weiterentwickelt und erfolgreich verwirklicht worden waren.

Was waren aber nun die Feuerkugeln? Der Italiener Renato Vesco machte in seiner erstmals 1968 veröffentlichten Studie den Versuch einer Erklärung. Für ihn handelte es sich bei den Feuerkugeln in Wirklichkeit um den deutschen Feuerball, der zuerst in einem Flugzeugwerk in der Wiener Neustadt, Österreich, gebaut wurde. Der Feuerball war ein flaches, kreisrundes, von einem Turbo-Strahltriebwerk angetriebenes Flugzeug. Gegen Ende des Krieges wurde es als Radarstörmittel und auch als psychologische Waffe zur Verwirrung der alliierten Piloten eingesetzt. Vesco meint:

„Der durch ein sehr fettes Kraftstoffgemisch verursachte feurige Ring um seinen Umfang und die chemischen Zusätze, die den elektrischen Stromfluß durch eine Überionisierung der Atmosphäre in der Nähe des Flugzeugs, im allgemeinen um die Flügelspitzen beziehungsweise das Leitwerk herum, unterbrachen, setzten das Flugzeug der Wirkung starker elektrostatischer Felder und elektromagnetischer Impulse aus."

Vesco behauptet weiter, daß die Grundprinzipien des Feuerballs später bei einem viel größeren „symmetrischen kreisförmigen Fluggerät", das Kugelblitz genannt wurde, Anwendung fanden, welches durch einen Düsenantrieb senkrecht in die Luft steigen konnte.

Da es unwahrscheinlich ist, daß die Briten, die Amerikaner oder die Russen jemals offenlegen werden, was sie in den geheimen Fabriken Nazi-Deutschlands entdeckt haben, sollte man nicht vergessen, was Sir Roy Feddon, der eine technische Delegation des britischen Ministeriums für Flugzeugproduktion nach Deutschland leitete, im Jahre 1945 zu berichten hatte:

„Ich habe genügend Konstruktionszeichnungen und Produktionspläne gesehen, um sagen zu kön-

"ICH HABE GENÜGEND KONSTRUKTIONSZEICHNUNGEN UND PRODUKTIONSPLÄNE GESEHEN, UM SAGEN ZU KÖNNEN, DASS – WENN SIE DEN KRIEG NOCH FÜR EINIGE MONATE HÄTTEN VERLÄNGERN KÖNNEN – WIR MIT VOLLKOMMEN NEUARTIGEN UND TODBRINGENDEN ENTWICKLUNGEN IM LUFTKRIEG KONFRONTIERT GEWESEN WÄREN."

Oben: Dieser US-Soldat bewacht eine V-2-Rakete, der noch die Verkleidung fehlt. Die Projekte des riesigen unterirdischen Werks bei Nordhausen in Deutschland unterlagen während des Zweiten Weltkrieges strengster Geheimhaltung. Vielleicht sind die Geheimnisse vieler solcher Werke noch immer nicht enthüllt. Gegenüberliegende Seite Mitte: Wernher von Braun, der Schöpfer der V-2, hier mit Vertretern des Militärs in der Anlage von Peenemünde.

nen, daß – wenn sie den Krieg noch für einige Monate hätten verlängern können – wir mit vollkommen neuartigen und todbringenden Entwicklungen im Luftkrieg konfrontiert gewesen wären."

Im Jahre 1956 konnte der damalige Leiter des Project Blue Book der amerikanischen Luftstreitkräfte, Captain Edward J. Ruppelt, feststellen: „Gegen Ende des Zweiten Weltkrieges befaßten sich die Deutschen mit der Entwicklung von verschiedenen extremen Arten von Flugzeugen und Lenkraketen. Die Mehrzahl dieser Projekte befand sich noch im Anfangsstadium."

Den ersten konkreten Beweis für Konstruktionsvorhaben von „fliegenden Untertassen" nach dem Krieg gab es im Jahre 1954. Die kanadische Regierung gab bekannt, daß das riesige, 1951 über Albuquerque, New Mexico, gesichtete UFO einem Fluggerät ähnelte, das Kanada kurz nach dem Krieg zu bauen bemüht war. Aufgrund mangelnder technischer Möglichkeiten hatte Kanada die Konstruktionsunterlagen jedoch schließlich an die USA weitergegeben.

Mit dem sogenannten Flying Flapjack der amerikanischen Marine lagen weitere Beweise für amerikanische Unternehmungen auf dem Gebiet der „fliegenden Untertassen" vor. Der Flapjack, der auch als Navy Flounder bekannt ist, war ein kreisförmiges Flugzeug, dessen Entwicklung bereits im Zweiten Weltkrieg begonnen hatte. Zu der damaligen Zeit benötigte die Marine ein Flugzeug, das in der Lage war, fast senkrecht abzuheben, so daß es von Trägerschiffen zu starten vermochte.

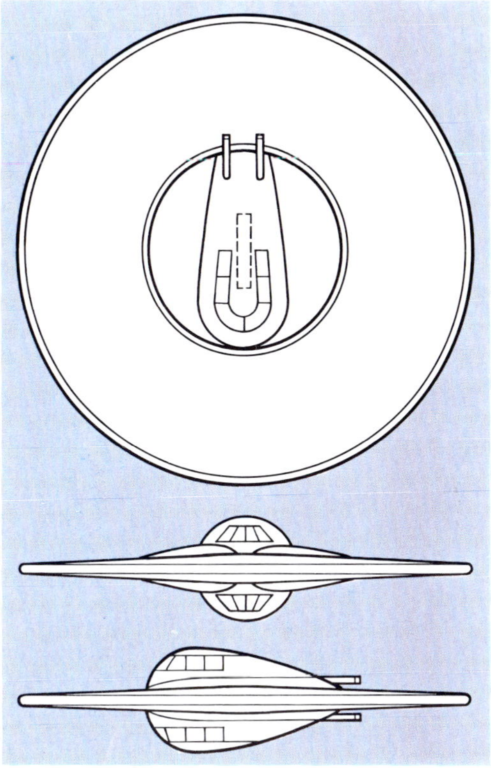

***Rechts:* Diese fliegende Scheibe wurde von dem deutschen Flugzeugingenieur Miethe konstruiert. Er gehörte zu der Gruppe von Ingenieuren, die für die Kriegsmaschinerie der Nazis an der Entwicklung von unkonventionellen Fluggeräten arbeiteten. Diese „Untertasse" war 1945 fast einsatzfähig, als die Werke in Prag von den Alliierten gestürmt wurden.**

Bis Anfang 1950, kurz nachdem die amerikanischen Luftstreitkräfte ihr UFO-Untersuchungsprogramm, das Project Grudge (der Vorläufer des Project Blue Book), beendet hatten, war über diese Maschine nur wenig bekannt. Um nachzuweisen, daß die UFOs eine weitere Untersuchung nicht verdienten, gaben die Luftstreitkräfte der USA dann aber eine Reihe von Fotodokumenten und vage Informationen zum Flying Flapjack frei.

Aufgrund der fehlenden Flügel bereitete die verringerte Stabilität offensichtlich Probleme. Bei einem späteren, angeblich als XF-5-U-I bezeichneten Modell soll dieses Problem gelöst worden sein. Gerüchte besagen, daß es einen Durchmesser von über 30 Metern und am äußeren Rand verteilte Strahldüsen gehabt haben soll, die den bei so vielen UFOs erblickten „glühenden Fenstern" ähnelten. Es bestand aus drei Ebenen. Die mittlere Ebene war etwas größer als die beiden äußeren. Da die Geschwindigkeit und die Manövriereigenschaften der Untertasse von der Leistungskraft und dem Neigungswinkel der Schubdüsen gesteuert wurden, hatte es keine Querruder (schwenkbar gelagerte Flügelklappen), Seitenruder oder andere hervorstehende Flächen. Diese Maschine glich in bemerkenswerter Weise den von den UFO-Beobachtern gesehenen Fluggeräten.

Die XF-5-U-I bedeutete aber nicht das Ende der Forschung zu Flugzeugen in Untertassenform. Am 11. Februar 1953 berichtete der Toronto Star, daß im Avro-Canada-Werk in Malton, Ontario, eine neue „fliegende Untertasse" gebaut würde. Am 16. Februar informierte der Minister für Verteidigungsproduktion das kanadische Parlament, daß Avro-Canada an einem „Versuchsmodell" einer „fliegenden Untertasse" arbeitete, das eine Geschwindigkeit von 2400 km/h erreichen und fähig sein sollte, senkrecht abzuheben. Der Direktor von Avro-Canada schrieb daraufhin in den Avro News, daß der im Bau befindliche Prototyp einen Wendepunkt darstelle, der alle anderen, veralteten Überschallflugzeuge in den Hintergrund drängen würde. Der offizielle Name des Flugzeuges lautete Avro Car.

1960 schließlich wurde offiziell bekanntgegeben, daß man das Projekt fallengelassen habe. Der Prototyp der „fliegenden Untertasse" von Avro ist jetzt im US Air Force Museum in Fort Eustis, Virginia, USA, zu besichtigen. Die kanadische und die amerikanische Regierung bleiben bei ihrer Behauptung, nicht mehr an „fliegenden Untertassen" zu arbeiten.

UFO BILDARCHIV

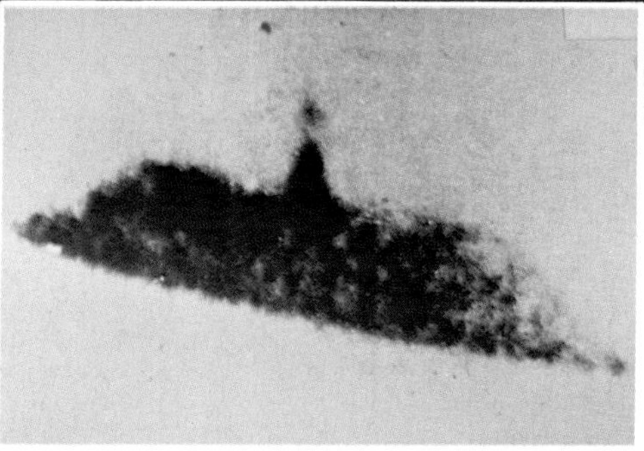

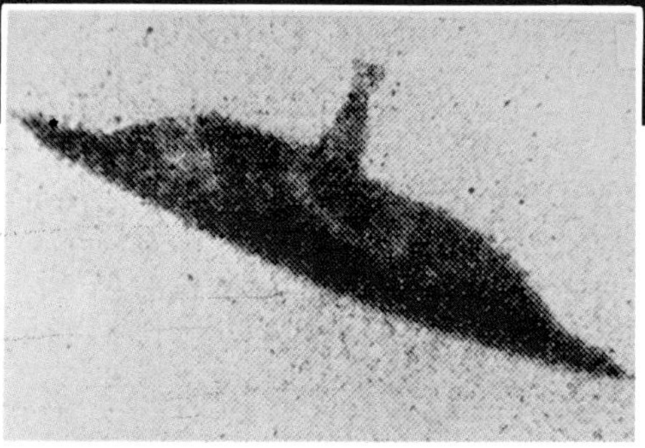

Es geschah am 11. Mai 1950, etwa gegen 19.45 Uhr auf einer Farm bei Salmon River, knapp 20 Kilometer südwestlich von McMinneville im amerikanischen Bundesstaat Oregon: Mrs. Trent fütterte in ihrem Garten die Kaninchen, als sie plötzlich eine seltsame Bewegung am Himmel entdeckte. Sie sah ein fliegendes scheibenförmiges Objekt, das in westlicher Richtung dahinraste. Da Mrs. Trent sofort auf die Idee kam, es könne sich um ein UFO handeln, rief sie aufgeregt ihren Mann Paul herbei, der seinen Photoapparat mitbrachte.

Das Flugobjekt näherte sich ihnen mit erheblicher Geschwindigkeit; es lag leicht schräg in der Luft und glänzte silbrig hell. Die Trents vernahmen weder Fluggeräusche, noch konnten sie Rauch oder Abgase entdecken. Mr. Trent machte eine Aufnahme **(ganz oben)** und schoß nach etwa 30 Sekunden ein zweites Photo.

Als das UFO über das Ehepaar hinwegflog, vermeinten die Trents einen Luftzug zu verspüren. Das rätselhafte Objekt entfernte sich schnell in westlicher Richtung und verschwand. Paul Trent schätzte den Durchmesser der Scheibe auf sechs bis neun Meter.

Nach einigen Tagen, als er die restlichen Bilder des Films verknipst hatte, ließ er den Film im Ort entwickeln. Er unterhielt sich mit kaum jemandem über sein Erlebnis, lediglich einigen Freunden gegenüber erwähnte er es. Er wollte kein Aufsehen erregen, um sich, wie er sagte, „keine Scherereien mit der Regierung" einzuhandeln. Dennoch erfuhr ein Reporter der lokalen Zeitung *Telephone Register* von der Angelegenheit und suchte die Trents auf. Die kostbaren Negative schienen zunächst verschwunden, fanden sich aber dann auf dem Fußboden unter einem Schreibtisch – die Trents hatten sie achtlos ihren Kindern zum Spielen überlassen! Am 8.Juni 1950 erschien ein Bericht über das Ereignis im *Telephone Register*. Am 9. und 10.Juni griffen Zeitungen in Portland, Oregon und Los Angeles die Geschichte auf, und eine Woche später brachte *LIFE* die Photos.

17 Jahre später machte sich ein Mitglied der Forschungskommission, die später den *Condon Report* veröffentlichte, auf den Weg zu den Trents. Der Forscher fand das Ehepaar gegenüber früher unverändert, die spektakuläre Begegnung mit dem unbekannten Flugobjekt schien ihr Leben nicht nachhaltig beeinflußt zu haben.

Das UFO von McMinneville **(oben links)** weist eine bemerkenswerte Ähnlichkeit mit einem Objekt auf **(oben rechts)**, das im März 1954 bei Rouen in Frankreich von einem Flugzeug aus photographiert wurde. Gerade diese Parallele ist für die UFO-Forschung nicht unbedeutend. Die „Condon Comission" unterzog die Aufnahmen den neuesten wissenschaftlichen Computeranalysen und stellte fest, daß sie höchstwahrscheinlich echt sind. Auch die Trent-Photos konnten bisher trotz gründlichster Analysen nicht als Fälschungen entlarvt werden. Im offiziellen *Condon Report* heißt es deswegen auch enthusiastisch: „Dies ist einer der wenigen UFO-Fälle, bei dem sämtliche untersuchten Faktoren, geometrischer, psychologischer und physikalischer Art offenbar miteinander übereinstimmen."

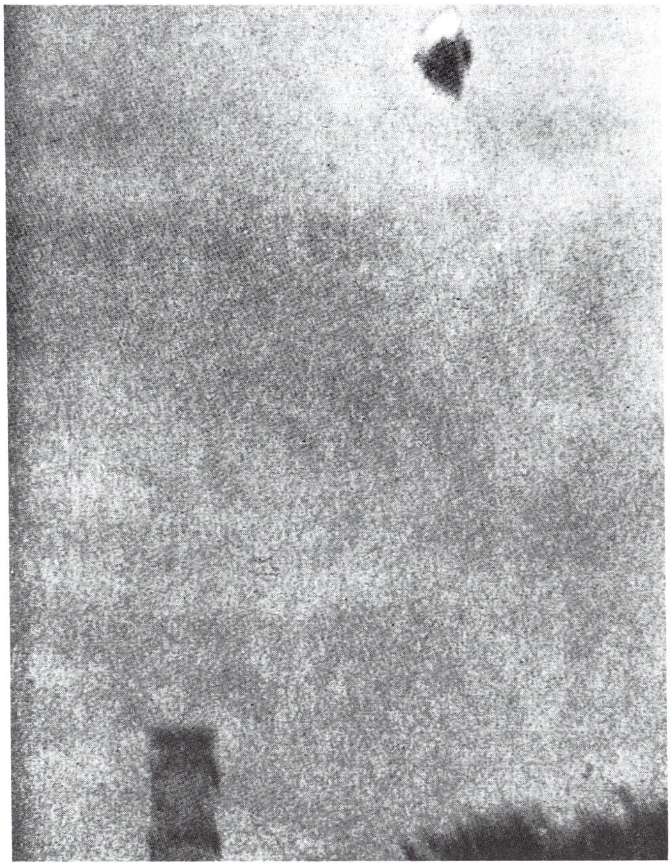

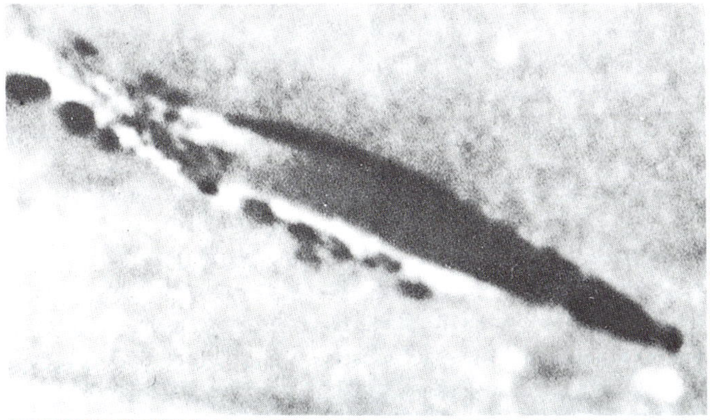

An einem klaren Nachmittag Anfang April 1966 hielt sich Mr. Brown (Pseudonym) in seinem Garten im australischen Balwyn bei Melbourne auf. Plötzlich blitzte etwas am Himmel auf, und er sah ein leuchtendes, pilzförmiges Objekt **(links)** von etwa sechs bis zehn Meter Durchmesser. Das helle Flugobjekt schwebte in ungefähr 50 Meter Höhe langsam auf ihn zu. Plötzlich jedoch drehte es sich in einem Winkel von 180° um die eigene Achse. Es gelang Brown, das Objekt zu photographieren, bevor es gleich darauf mit großer Geschwindigkeit nach Norden davonschoß. Ein Zimmermann, der im Haus arbeitete, hatte die Erscheinung ebenfalls beobachtet.

Mr. Brown ist ein hochqualifizierter Ingenieur und Leiter eines großen Familienunternehmens. Man kann sich nur schwer vorstellen, warum er einen Schwindel inszeniert haben sollte. Die amerikanische Gesellschaft „Ground Saucer Watch" (GSW), die sich mit der wissenschaftlichen Untersuchung von UFOs befaßt, hat kürzlich jedoch die Authentizität der Photos aufgrund von Computeranalysen in Zweifel gezogen. Auch der GSW sind indes in der Vergangenheit bereits mehrfach Fehler unterlaufen. Sollte sie sich auch in diesem Fall getäuscht haben?

Ein Werbephoto einer B-57 im Einsatz **(unten)** wurde in eine Sammlung von UFO-Photos aufgenommen, die die Organisation „National Investigations Commitee on Aerial Phenomena" (NICAP, Nationaler Untersuchungsausschuß für Himmelsphänomene) zum Verkauf anbot. In der rechten oberen Ecke glaubte man ein unbekanntes Objekt erkennen zu können. Nach Meinung des Ufologen Robert Schmidt schien es stromlinienförmig und am unteren Rand mit dunklen „Bullaugen" ausgestattet zu sein.

Schmidt schrieb an die Herstellerfirma des Flugzeugs und bat um eine Vergrößerung der Aufnahme **(kleines Photo links)**. Die Firma erklärte, bei dem vermeintlichen Objekt müsse es sich um einen Tropfen, eine Unebenheit oder einen Kratzer auf dem Negativ handeln. Analysen bestätigten diese Theorie jedoch nicht. Ferner erklärte die Herstellerfirma, man habe versucht, das Phänomen zu rekonstruieren. Der Schluß liegt nahe, daß man von der Theorie, es habe sich lediglich um eine Beschädigung des Negativs gehandelt, nicht mehr so recht überzeugt war.

UNHEIMLICHE BESUCHER

Immer wieder wird von mysteriösen Besuchen und Drohungen von „Männern in Schwarz" berichtet. Was steckt hinter diesen unheimlichen Erlebnissen? Ist mit der Existenz solcher Wesen zu rechnen, oder lassen sich derartige Erscheinungen als Phantasterei abtun?

Oben: Ein solcher MIB besuchte Dr. Herbert Hopkins und warnte ihn, er solle seine Untersuchungen einstellen. Er forderte ihn auf, ihm eine Münze in die Hand zu legen. Hopkins sah, wie die Münze sich in der Hand des Unbekannten langsam in Nichts auflöste. Der unheimliche Besucher betonte, daß niemand diese Münze wieder zu Gesicht bekämen.

Im September 1976 war Dr. Herbert Hopkins, ein 58jähriger Arzt und Hypnotiseur, als Berater im Fall einer angeblichen UFO-Teleportation in Maine, USA, tätig. Eines Abends waren seine Frau und seine Kinder ausgegangen, und er war allein im Haus. Das Telefon klingelte, und ein Mann, der sich als Vizepräsident der „UFO-Forschungsorganisation von New Jersey" ausgab, fragte Hopkins, ob er ihn noch an diesem Abend besuchen könne, um einige Einzelheiten des Falles mit ihm durchzusprechen. Hopkins willigte natürlich ein. Er ging zur Hintertür, um das Licht einzuschalten und so den Weg vom Parkplatz zum Haus zu beleuchten, als er sah, daß der Mann bereits die Stufen zur Veranda hochkam. „Ich sah nirgendwo ein Auto, und selbst wenn er mit einem gekommen wäre, hätte er unmöglich so schnell vom nächstgelegenen Telefon zu meinem Haus gelangen können", erinnerte sich Hopkins später.

Zunächst jedoch dachte sich Hopkins nichts weiter dabei und bat seinen Besucher herein. Der Mann trug einen schwarzen Anzug, ein weißes Hemd und eine schwarze Krawatte. „Der sieht ja aus wie vom Bestattungsinstitut", dachte Hopkins bei sich. Als der Besucher seinen schwarzen Hut abnahm, kam darunter ein völlig haarloser Kopf zum Vorschein. Der Mann hatte aber nicht nur eine Glatze, sondern auch keine Augenbrauen und Wimpern. Seine Haut war vollkommen weiß, die Lippen kräftig rot. Im Verlauf ihres Gespräches strich er sich mit seinen grauen Wildlederhandschuhen dauernd über die Lippen, und Hopkins stellte mit Erstaunen fest, daß er sich dabei den Mund verschmierte und die Handschuhe Lippenstiftflecke bekamen.

Erst nachträglich fielen ihm dann noch weitere Absonderlichkeiten ein. Besonders verwunderlich war, daß der Besucher äußerte, Hopkins habe zwei Münzen in seiner Hosentasche, was tatsächlich stimmte. Er bat den Arzt dann, ihm eine davon auf die Handfläche zu legen und diese Münze, nicht ihn, genau zu beobachten. Hopkins tat, wie ihm geheißen, und allmählich verschwammen die Konturen der Münze, die sich schließlich in Nichts auflöste.

„ER WANKTE ZUR TÜR UND GING SEHR VORSICHTIG EINE STUFE NACH DER ANDEREN HINUNTER. HOPKINS SAH IN DER EINFAHRT EIN WEISSLICH-BLAUES LICHT, DAS IHM WESENTLICH HELLER ALS EIN NORMALER AUTOSCHEINWERFER VORKAM."

„Weder Sie noch irgend jemand anderes in dieser Ebene wird diese Münze jemals wiedersehen", sagte sein Gast daraufhin. Beide unterhielten sich dann noch eine Weile über allgemeine UFO-Themen, als Hopkins plötzlich bemerkte, daß der Mann immer langsamer sprach, dann aufstand und mit schleppenden Worten sagte: „Meine Energie ist erschöpft, muß jetzt gehen, auf Wiedersehen." Er wankte zur Tür und ging sehr vorsichtig eine Stufe nach der anderen hinunter. Hopkins sah in der Einfahrt ein weißlich-blaues Licht, das ihm wesentlich heller als ein normaler Autoscheinwerfer vorkam. Damals hielt er es jedoch für die Autoscheinwerfer des Fremden, obwohl er weder einen Wagen hörte noch sah.

Mysteriöse Spuren

Als später Hopkins Familie zurückkehrte, entdeckten sie in der Einfahrt eigenartige Spuren, die sicher nicht von einem Auto herrührten. Am nächsten Tag waren diese Spuren jedoch verschwunden, obwohl in der Zwischenzeit niemand die Einfahrt benutzt hatte. Hopkins hatte dieser Besuch regelrecht in Panik versetzt. Er mußte immer wieder an das beunruhigende Verhalten des Fremden denken. Der Schreck war ihm so in die Glieder gefahren, daß er der Forderung, die der Mann an ihn gestellt hatte, bereitwillig nachkam: Er löschte die Bänder, auf denen die Hypnosesitzungen zu dem UFO-Fall aufgezeichnet waren, und brach seine Mitarbeit an der Untersuchung ab. Er hatte sich gründlich einschüchtern lassen.

Im Anschluß an diesen Besuch ereigneten sich sowohl in seinem Haus als auch bei seinem ältesten Sohn merkwürdige Vorfälle. Er konnte zwar einen Zusammenhang zu seinem mysteriösen Besucher herstellen, hörte aber nie mehr etwas von ihm. Eine „UFO-Forschungsorganisation" hat in New Jersey übrigens nie existiert.

Hopkins Bericht zählt zu den detailliertesten, die über die sogenannten MIBs (englisch: Men in Black = Männer in Schwarz) vorliegen, und stellt uns vor ein höchst bizarres Problem.

Zunächst einmal ist zu fragen, ob ein angesehener Arzt eine derart merkwürdige Geschichte wohl erfinden würde, und wenn ja, was ein plausibles Motiv dafür wäre? War das Ganze vielleicht nur eine Sinnestäuschung, obwohl immerhin auch andere Familienmitglieder die Spuren in der Einfahrt sahen?

FALL *Sammlung*

EIN HÖCHST SELTSAMES PAAR

Am 24. September 1976 – nur wenige Tage nach dem beunruhigenden MIB-Besuch bei Dr. Herbert Hopkins – erhielt seine Schwiegertochter Maureen einen Anruf von einem Mann, der vorgab, ihren Mann John zu kennen, und anfragte, ob man ein Treffen vereinbaren könnte.

John war neugierig geworden und traf den Mann und seine Begleiterin schließlich in einem Imbißrestaurant. Anschließend fuhr er mit den beiden nach Hause. Beide waren etwa Mitte dreißig und sonderbar altmodisch gekleidet. Besonders merkwürdig schien die Frau: Wenn sie aufstand, sah es so aus, als würde mit ihren Beinen und ihrer Hüfte etwas nicht stimmen. Beide machten nur sehr kleine Schritte und beugten sich beim Gehen auffällig nach vorn. Der Mann stellte Maureen und John eine Menge persönlicher Fragen: Ob sie beide viel fernsehen, welche Bücher sie lesen, worüber sie sich so unterhalten? Die ganze Zeit über betätschelte und streichelte der Mann seine Begleiterin und fragte John, ob ihn das störe und ob er es richtig mache.

Dann verließ John für einen Moment das Zimmer, und der Mann versuchte Maureen dazu zu bewegen, sich neben ihn zu setzen. Er fragte sie, „wie sie gemacht" sei und ob es Nacktfotos von ihr gebe. Offenbar erschienen ihm solche Fragen überhaupt nicht anzüglich.

Kurz danach erhob sich die Frau und sagte, sie wolle nun gehen. Auch der Mann stand auf, machte aber keine Anstalten zu gehen. Er stand zwischen der Frau und der Tür und versperrte ihr so den Ausgang. Schließlich drehte sie sich zu John um und sagte: „Bitte schieben Sie ihn weg. Ich schaffe das nicht selbst." Daraufhin verließ der Mann sofort das Zimmer, und die Frau folgte ihm. Sie hatten sich nicht einmal verabschiedet.

Links: Nach einer Weile bemerkte Hopkins, daß sein seltsamer Besucher immer langsamer sprach. Dann stand der MIB plötzlich auf und verließ mit wankenden Schritten das Haus. Hopkins sah ihn vorsichtig die Stufen vor seinem Haus hinuntersteigen und in die Einfahrt gehen, wo er ein bläulich-weißes Licht wahrnahm. Von der Abfahrt des unheimlichen Besuchers sah und hörte er jedoch nicht das geringste.

Möglicherweise liegt die Wahrheit irgendwo zwischen Realität und Illusion. Ist es denkbar, daß irgend jemand den Arzt aufgesucht und Hopkins auf rätselhafte Weise dazu gebracht hat, sich diese seltsamen Dinge auszudenken? Möglich ist auch, daß sich der ganze Vorfall lediglich im Kopf des Arztes abgespielt hatte.

Seine Familie hatte ihn an einem Tisch vor seinem Gewehr sitzend vorgefunden, offenbar unter schwerem Schock. Im Haus brannten sämtliche Lichter. Für ein „tatsächliches" Ereignis und gegen die Theorie, es handle sich nur um einen Streich der Psyche, spricht, daß auch andere Familienmitglieder die ungewöhnlichen Spuren in der Einfahrt gesehen haben. Auch kam es unmittelbar nach dem Besuch zu Telefonstörungen. Was sich an jenem Abend tatsächlich zugetragen hat, bleibt allerdings ungeklärt.

Die US-Luftwaffe (USAF) zeigte sich besorgt über die Möglichkeit, daß es Leute geben könnte, die sich als militärische Mitarbeiter ausgeben und UFO-Augenzeugen aufsuchen. Im Februar 1967 äußerte Colonel George P. Freeman, Sprecher des Pentagons für das USAF-Projekt Blue Book, gegenüber dem UFO-Forscher John Keel in einem Gespräch:

„Seltsame Männer, in Air-Force-Uniformen oder mit überzeugend wirkenden Referenzen von Regierungsbüros ausgestattet, haben UFO-Augenzeugen zum Schweigen gebracht. Wir haben eine Reihe solcher Fälle überprüft, und diese Männer haben mit der Air Force nicht das geringste zu tun. Wir konnten über diese Personen noch nichts in Erfahrung bringen. Wenn sie sich als militärische Geheimdienstbeamte oder als Regierungsbeamte ausgeben, begehen sie eine Straftat, und wir würden liebend gerne einen davon schnappen, aber bis jetzt kamen wir leider immer zu spät. Trotzdem werden wir am Ball bleiben."

Haben diese Hochstapler und Hopkins seltsamer Gast etwas gemeinsam? UFO-Berichte, wie auch sensationelle Mordfälle, üben eine große Anziehungskraft aus auf geistig instabile Menschen. Vielleicht sind viele angebliche MIBs ganz einfach nur psychisch kranke Menschen, die sich etwa als höhere Regierungsbeamte ausgeben und sich so Zugang zu den Augenzeugen verschaffen.

In allen MIB-Berichten wird die eigenartige Unbeholfenheit der Besucher erwähnt. Ihre Art zu schauen oder zu sprechen, was sie wissen beziehungsweise nicht wissen, erweckt meist sofort Mißtrauen. Es könnte nun sein, daß eben nur die schlechten Schwindler entdeckt werden und es noch viel mehr MIB-Begegnungen gibt, die aber nicht bekannt werden, weil die Besucher nichts besonders Auffälliges an sich haben oder ihren Opfern nahelegen, über den Besuch zu schweigen.

Leere Drohungen

In der Tat fordern viele MIBs ihre Opfer auf, niemand etwas von ihrem Besuch zu erzählen und ihre UFO-Forschungen einzustellen. (Natürlich wissen wir von diesen Fällen nur, weil diese Aufforderungen nicht befolgt wurden.) Ein UFO-Augenzeuge aus Kanada berichtet von einem mysteriösen Mann, der ihn 1976 aufsuchte und ihm riet, seine Beobachtungen niemandem mehr zu schildern und die Sache nicht weiter zu verfolgen, oder es würden ihn drei Männer in schwarzen Anzügen aufsuchen. „Was soll das denn heißen?" fragte der Augenzeuge. „Nun", lautete die Antwort, „ich könnte Ihnen ganz schön einheizen... Sie könnten dabei verletzt werden." Ein Jahr zuvor war der mexikanische UFO-Augenzeuge Carlos de los Santos auf dem Weg zu einer Fernsehanstalt, wo er ein Interview über seine UFO-Beobachtung geben sollte, von zwei schwarzen Limousinen angehalten worden. Einer der schwarzgekleideten Insassen sagte zu ihm: „Hör zu, Junge, wenn dir dein Leben lieb ist und auch das deiner Familie, dann sprich nicht mehr darüber, was du gesehen hast."

Anscheinend wurden derlei Drohungen aber niemals wahrgemacht. Die MIBs mögen düstere Gestalten sein, aber sie fallen auch durch ihre Gewaltlosigkeit auf. Das Schlimmste, was sie ihren Opfern je angetan haben, waren lästige Besuche oder Telefonanrufe zu ungelegenen Zeiten.

Für die Opfer ist es natürlich beruhigend, daß es sich bei MIB-Drohungen nur um leere Drohungen handelt. Für die Forscher aber ist das ein irritierender Aspekt. Körperliche Gewaltanwendung würde es ihnen erleichtern, der Natur dieses Phänomens auf die Spur zu kommen.

Der amerikanische Autor Brad Steiger macht geltend, daß Hunderte von Ufologen, Kontaktpersonen und zufälligen UFO-Beobachtern behaupten, Besuche von solchen ominösen Fremden erhalten zu haben. Meistens sollen sie zu dritt gekommen und schwarzgekleidet gewesen sein. Recht viel mehr Informationen gibt es aber selten. Der Reporter John Keel, ein Experte für unerklärliche Phänomene, behauptet, daß er mehr als einmal mit eigenen Augen Phantom-Cadillacs gesehen hat, in denen schwarzgekleidete Gestalten mit asiatischen Gesichtszügen saßen. Für einen Reporter legte er allerdings ein sehr eigenartiges Desinteresse an den Tag, diese wichtigen Beobachtungen zu verfolgen oder sie genau zu belegen. Derlei vage Aussagen tragen lediglich dazu bei, daß der Mythos noch größer wird.

Lassen sich diese Vorfälle samt und sonders als Täuschung abtun? Handelt es sich dabei nur um

Unten: Der Ufologe David Tansley hält MIBs für eine Art dämonischer, paranormaler Wesen.

Hirngespinste phantasiebetonter oder psychisch kranker Leute, deren Gedanken diese besondere Form nur deshalb annehmen, weil sie dem einen oder anderen kulturellen Aspekt unserer Zeit entsprechen?

Die Opfer und die Forscher haben unterschiedliche Erklärungsmodelle für die mysteriösen MIBs. Woodrow Derenberger hält die beiden MIBs, die ihn angeblich zum Schweigen bringen wollten, felsenfest für Abgesandte der Mafia. David Tansley stellt die Theorie auf, daß es sich bei MIBs um übernatürliche Wesen und dämonenhafte Vertreter dunkler Mächte handelt, die die Verbreitung der Wahrheit unterbinden wollen. Für Dominick Lucchesi stammen die MIBs aus einer unbekannten, möglicherweise unterirdisch lebenden Zivilisation aus einem weit abgelegenen Winkel der Welt.

Ein Merkmal ist jedoch allen MIBs gemeinsam, und genau hier liegt vielleicht der Schlüssel zu dem Problem: Sie verfügen über Informationen, von denen sie theoretisch gar nichts wissen konnten, da diese nur einer Handvoll Untersuchern und Beamten bekannt waren. Dazu kommt, daß die Opfer meist alleine sind, wenn ein MIB auftaucht; im Fall von Herbert Hopkins hatte der Besucher geschickt einen Zeitpunkt abgepaßt, an dem Frau und Kinder aus dem Haus waren. Man kann wohl davon ausgehen, daß zwischen den MIBs und ihren Opfern eine Art paranormale Verbindung besteht.

Oben: Der mexikanische UFO-Augenzeuge Carlos de los Santos war unterwegs zu einem Fernsehinterview, als er von mehreren MIBs in zwei großen schwarzen Limousinen angehalten wurde. Sie warnten ihn, nichts über seine Beobachtungen verlauten zu lassen, und er ließ das Interview ausfallen. Zwei Wochen später änderte er seine Meinung, und die Sendung fand statt. Trotz der Drohungen geschah nichts.

Krankhafter Verfolgungswahn?

Das Phänomen wirft noch eine Reihe weiterer Fragen auf, die mit der alltäglichen Realität unvereinbar scheinen. Wo befinden sich beispielsweise die berüchtigten schwarzen Autos, wenn sie nicht dazu benutzt werden, um Augenzeugen aufzusuchen? Wo werden sie abgestellt oder gewartet? Sind sie jemals in Unfälle oder Pannen verwickelt? Kann es sein, daß sie bei Bedarf aus einer anderen Existenzebene materialisiert werden? Oder sind sie überhaupt nicht wirklich existent?

Dies sind nur ein paar der vielen Fragen, die das MIB-Phänomen aufwirft. Was die Sache zusätzlich kompliziert macht, ist das breite Spektrum von überzeugenden bis hin zu total unglaubwürdigen Fällen. Da gibt es Begebenheiten, bei denen nichts Außergewöhnliches passiert, außer daß jemand Amtsanmaßung betreibt oder unerklärlicherweise Kenntnis von geheimen Informationen hat. Dann gibt es Fälle, bei denen die einzig mögliche Erklärung zu sein scheint, daß der Augenzeuge unter Verfolgungswahn leidet. In ihrem Buch *The Truth About the Men in Black* (Die Wahrheit über die Männer in Schwarz) berichtet die UFO-Forscherin Ramona Clark von einem anonymen Untersucher, der am 3. Juli 1969 von drei MIBs aufgesucht worden sein soll. „An der Windschutzscheibe ihres Autos war ein auffälliger Aufkleber angebracht. Dieser Aufkleber löste bei dem Mann eine heftige psychische Reaktion aus. Niemals zuvor habe ich in den Augen eines Menschen eine solch entsetzliche Panik gesehen."

Nach dem ersten Besuch fühlte sich der Mann regelrecht verfolgt. Er erhielt mysteriöse Telefonanrufe, und einmal hat irgend jemand sein Haus durchwühlt. Bald darauf begann er, Stimmen und seltsame Gestalten wahrzunehmen. „Vor seinem Haus sollen schwarze Limousinen auf und ab gefahren sein, die ihn überall hin folgten. Einmal wurde er mit seiner Familie von einem entgegenkommenden schwarzen Cadillac beinahe von der Straße abgedrängt. Nachts plagten ihn Alpträume über MIBs. Bald konnte er nicht mehr schlafen, seine Arbeit litt darunter, und er hatte Angst, seine Stelle zu verlieren."

Geschah das alles nur in seinem Kopf? Man ist versucht, so etwas anzunehmen. Aber ein Freund des Augenzeugen bestätigte, daß auch er einmal einen merkwürdig aussehenden Mann vor dem Haus seines Freundes bemerkt hatte, der ganz in Schwarz gekleidet war.

"DREI MÄNNER IN SCHWARZEN ANZÜGEN STEHEN MIT BEDROHLICHEN GESICHTSAUSDRÜCKEN DA… DREI MÄNNER, DIE DIREKT AUF DICH ZUKOMMEN UND UNGEHEURE FORDERUNGEN STELLEN. NACHDEM SIE VERSCHWUNDEN SIND, WÜNSCHT DU DIR, DASS DU NIEMALS ETWAS VON FLIEGENDEN UNTERTASSEN GEHÖRT HÄTTEST. DENN DU WIRST BLEICH UND KRANK. FÜR DREI TAGE HAT ES DIR DEN APPETIT VERSCHLAGEN."

Gray Barker,

They Knew too much about Flying Saucers

DER OZ-FAKTOR

Begegnungen mit UFOs gehen bei den Zeugen oftmals mit einem Gefühl des Zeitverlusts einher. Können wir dieses befremdende Phänomen rational erklären?

Oben und gegenüberliegende Seite Mitte: UFO-Sichtungen sind offensichtlich vom jeweiligen kulturellen Hintergrund des Augenzeugen abhängig. So wurden in den neunziger Jahren des 19. Jahrhunderts häufig den aufkommenden Flugzeugen ähnelnde Luftschiffe für UFOs gehalten. In den fünfziger Jahren dann übten offenbar Filme wie The Day the Earth Stood Still (Am Tag, als die Erde stillstand) auf die Phantasie der Menschen einen nicht zu unterschätzenden Einfluß aus (gegenüberliegende Seite rechts): Seitdem häufen sich die Berichte über angebliche Begegnungen mit Außerirdischen und ungewöhnlich geformten Weltraumschiffen.

Ufologen gehen heute davon aus, daß es verschiedene Arten von UFO-Phänomenen gibt. Einerseits treten physische Erscheinungen auf, bei denen sich Energie auf eine Art und Weise verhält, die wir noch nicht erklären können. Diese Erscheinungen sind als UAP bekannt (englisch: unidentified atmospheric phenomena = nicht identifizierte atmosphärische Phänomene). Andererseits gibt es die Fälle von UFO-Begegnungen, bei denen Menschen angeblich direkten Kontakt mit Außerirdischen hatten.

Die UFO-Forschung ist im Begriff, sich in eine Vielzahl von Einzelbereichen zu unterteilen, und das Studium von UAPs wird in Zukunft mit Sicherheit ein eigenes Forschungsgebiet sein. UAPs, wie auch immer sie entstehen, scheinen formlose Energiebälle zu sein, die eine Breitbandstrahlung aussenden. Sie könnten eventuell mit Kugelblitzen zusammenhängen. Kugelblitze wären dann eine Untergruppe der UAPs. Eine weitere wichtige Form der UAP könnten die elektrischen Impulse sein, die vom Erdboden in die Atmosphäre abgegeben werden. Der Forscher Dr. Michael Persinger vermutet, daß UAP-Erscheinungen auch für die Sichtungen von UFOs verantwortlich sein könnten.

Scheinerinnerungen

Persinger ist der Auffassung, daß die von den UAPs ausgesandte Strahlung die Gehirnfunktion desjenigen, der sich nahe genug, das heißt innerhalb der

Unten:** In dem Musical-Film* **The Wizard of Oz** ***(Der Zauberer von Oz) werden Dorothy und ihr Hund Toto, hier in einer Szene mit der Vogelscheuche, von einem Wirbelsturm aus ihrem alltäglichen Leben entführt und in das Zauberland Oz verschlagen. Diejenigen, die von Begegnungen mit UFOs berichten, fühlen sich oft von einem Moment auf den anderen ähnlich in ein Nichts gesaugt – daher der Begriff „Oz-Faktor".

„Einflußsphäre" des Phänomens, befindet, stören kann. In diesem Einflußbereich werden halluzinatorische Erlebnisse ausgelöst, zu denen auch das Gefühl von Zeitverlust und Scheinerinnerungen an Begegnungen mit Außerirdischen gehören, die alle einen unmittelbaren Bezug zur Persönlichkeit des Zeugen haben. Vom jeweiligen kulturellen Hintergrund des Zeugen abhängig, könnten diese Halluzinationen dann spezifisch stimuliert sein.

Die Forscher Dr. Alvin Lawson und William McCall gehen davon aus, daß eine gemeinsame Quelle für die sich weltweit ähnelnden Augenzeugenberichte im Geburtstrauma des Menschen liegt. Trotzdem bleiben noch viele Fragen offen. Warum kommt es zum Beispiel vor Kontakten mit Außerirdischen häufig zu einer auffälligen Wahrnehmungsveränderung? Warum scheint es eine Verbindung zwischen Zeugen von außerirdischen Kontakten und übersinnlichen Phänomenen zu geben? Warum gibt es Personen, die wiederholt mit Außerirdischen Kontakt haben, und dies oftmals schon seit frühester Kindheit?

Solchen und anderen Fragen versucht der sogenannte Oz-Faktor gerecht zu werden. Der Oz-Faktor bezeichnet eine Klasse von Merkmalen, die in Berichten von Begegnungen mit Außerirdischen immer wiederkehren und somit eine Art kollektive Erfahrung darstellen. Die folgenden Zitate sind typischen Zeugenberichten von UFO-Begegnungen entnommen und umreißen den Oz-Faktor. „Alle Geräusche um mich herum verstummten plötzlich... Es war wie auf dem Grund eines sehr tiefen Brunnens." „Ich fühlte mich so isoliert und allein, plötzlich nicht mehr Teil meiner Welt." „Es war, als ob ich halb in dieser Welt wäre und halb außerhalb." „Die Zeit schien sich zu verlangsamen und dann stillzustehen. Das Ding brauchte offenbar ewig, um an einem vorbeizufliegen."

Der Oz-Faktor steht also für ein Gefühl der Zeitlosigkeit und der sensorischen Isolation: Der Zeuge hat das Gefühl, als ob das UFO ihn vorübergehend aus der realen Welt in eine Art des Nichts gesaugt hätte, wo nur er und das Phänomen nebeneinander existierten. Den Namen erhielt diese Erscheinung in Anspielung auf die Erlebnisse von Dorothy und Toto, die in dem Musical-Film *The Wizard of Oz* (Der Zauberer von Oz) durch einen Wirbelsturm in das Land Oz getragen wurden.

Häufig sind die Zeugen nach einer Begegnung mit Außerirdischen ziemlich konfus und nicht in der Lage, die Dauer des Kontakts anzugeben. Es ist denkbar, daß die Fälle von Zeitverlust oder Zeitverschiebung bei Kontakten mit Außerirdischen und Entführungen durch UFOs auf den Oz-Faktor zurückzuführen sind. Das könnte bedeuten, daß an vielen direkten Begegnungen (möglicherweise an allen) der Oz-Faktor in unterschiedlicher Ausprägung beteiligt ist. Der exakte wissenschaftliche Beweis konnte allerdings noch nicht erbracht werden.

Durch Hypnose wiedererlangte Erinnerungen von Zeugen, deren UFO-Begegnungen mit einem Gefühl von Zeitverlust einhergegangen waren, deuten darauf hin, daß während der „verlorenen" Zeit eine Art „Botschaftsübermittlung" erfolgt ist. Demnach könnte eine Übermittlung von Botschaften durchaus bei allen UFO-Kontakten erfolgt sein, wobei die Begegnung an sich lediglich ein Nebeneffekt sein mag. Findet eine solche Übermittlung wirklich statt, wurde sie in der Mehrzahl der Fälle von den Betroffenen jedoch nicht einmal bemerkt: Offenbar sprengt sie den Rahmen des normalen Bewußtseins.

"ICH HABE MICH MIT VIELEN AUGENZEUGEN UNTERHALTEN... DIE MIR ERZÄHLTEN, SIE WÄREN VON EINEM WIRBELSTURM ERFASST WORDEN, HÄTTEN SELTSAME WESEN GESEHEN UND WÄREN HINTERHER VERWUNDERT UND VERWIRRT GEWESEN... ICH KONNTE IHNEN LEDIGLICH VERSICHERN, DASS VIELE ANDERE DIE GLEICHEN ERFAHRUNGEN GEMACHT HÄTTEN UND DASS ICH ÜBERZEUGT WÄRE, DASS DIE ZUKÜNFTIGE WISSENSCHAFT LETZTENDLICH DIESES ALS EINE WESENTLICHE QUELLE NEUEN WISSENS VERSTEHEN UND ANNEHMEN WÜRDE."

Jacques Vallée, Dimensions

Kollektive Erlebnisse

Der Oz-Faktor scheint jedoch nicht nur auf UFO-Kontakte begrenzt zu sein, wie folgendem Erlebnis zu entnehmen ist: „Mich beschlich ein Gefühl der Kälte... ich richtete mich auf... Ich konnte die Uhr nicht ticken hören, obwohl sie doch nur 30 Zentimeter von mir entfernt stand. Alles war so, wie soll ich es sagen, als ob die Zeit stillstand."

Dieser Bericht stammt von einer Person, die kurz nach dieser Wahrnehmung einen Geist erblickt hatte. Die Umstände der Geisterscheinung weisen auf etwas Ähnliches wie den Oz-Faktor hin. Gleichartige Merkmale wurden auch bei außerkörperlichen Erlebnissen, Zeitverschiebungen und präkognitiven Visionen festgestellt. Der einzige gemeinsame Nenner bei all diesen Phänomenen ist das Bewußtsein des Empfängers. Das ist die Ebene, auf der die Ereignisse stattfinden.

Direkte Kontakte mit Außerirdischen und viele übersinnliche Phänomene scheinen tatsächlich Gemeinsamkeiten aufzuweisen, wenn sie auch nicht unbedingt genau den gleichen Ursprung haben müssen. Für ihre Bezeichnung wurde der Begriff QC-Erfahrung gewählt (englisch: quasi-conscious experience = quasi-bewußte Erfahrung), da sich alle diese Ereignisse zwischen Realität und Irrealität bewegen.

Eine Reihe von Forschern, wie zum Beispiel Patrick Austin und Hilary Evans, veranschaulichen verschiedene Aspekte der Realität an dem Modell eines „Spektrums der Realität". Dieses „Spektrum der Realität" erstreckt sich von rein subjektiven Erfahrungen wie Träumen bis zu objektiven Erfahrungen. Beide Extreme unterliegen der Einmischung von anderen Bestandteilen des Spektrums. So können beispielsweise objektive Umweltfaktoren, ein kalter Luftzug oder ein lautes Geräusch, einen Schlafenden beeinflussen und in veränderter Form in der subjektiven Welt seiner Träume erscheinen. Der Platz zwischen den beiden Enden des Spektrums ist bei weitem nicht leer. Hellträume, in denen der Träumer sich seines Traumes bewußt ist und auch die eigenen Traumerlebnisse teilweise steuern

" UFONAUTEN GIBT ES ZUM GROSSEN TEIL VIELLEICHT NUR IN DEN AUGEN DES BEOBACHTERS. SCHLIESSLICH KÖNNTEN DIE UFOS SELBST PLASMAKUGELN VON REINER INTELLIGENZ SEIN UND DIE UFONAUTEN EHER NACH AUSSEN PROJIZIERTE GEDANKENBILDER DENN DIE SELBSTÄNDIGEN PILOTEN, ALS DIE SIE ERSCHEINEN. "

Brad Steiger, Mysteries of Time and Space

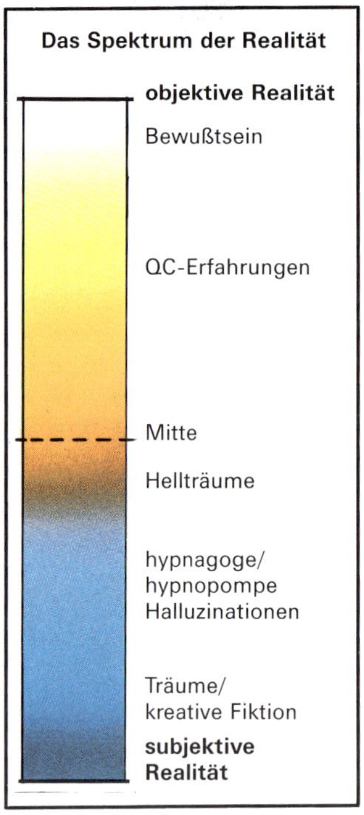

Oben: Im Realitäts-Spektrum liegen die QC-Erfahrungen in der oberen Hälfte der Skala zwischen der objektiven und der subjektiven Realität. Kontakte mit Außerirdischen, außerkörperliche Erfahrungen, Zeitverschiebungen und präkognitive Visionen scheinen sämtlich quasi-bewußte Erfahrungen zu sein.

Rechts: Der amerikanische Flugzeugkapitän E. J. Smith beschreibt mit Hilfe eines Tabletts die fliegende Untertasse, die er am 6. Juli 1947 über Oregon, USA, gesehen hatte.

" DURCH HYPNOSE WIEDERERLANGTE ERINNERUNGEN VON ZEUGEN, DEREN UFO-BEGEGNUNGEN MIT EINEM GEFÜHL VON ZEITVERLUST EINHERGEGANGEN WAREN, DEUTEN DARAUF HIN, DASS WÄHREND DER ‚VERLORENEN' ZEIT EINE ART ‚BOTSCHAFTSÜBERMITTLUNG' ERFOLGT IST. DEMNACH KÖNNTE EINE ÜBERMITTLUNG VON BOTSCHAFTEN DURCHAUS BEI ALLEN UFO-KONTAKTEN ERFOLGT SEIN. "

Gegenüberliegende Seite links: Eine Karikatur aus einer englischen Zeitung aus dem Jahre 1913 zeigt die Verbreitungsmechanismen einer angeblichen UFO-Sichtung.

Unten: Dieses scheibenförmige Objekt, das einen Dampfschweif hinter sich läßt, wurde am 5. Juni 1955 über Namur, Belgien, fotografiert. Der Theorie über quasibewußte Erfahrungen zufolge vermögen subjektive Informationen die objektive Realität so zu manipulieren, daß ein derartiges Abbild vom menschlichen Bewußtsein projiziert und dann fotografiert werden kann.

"MICH BESCHLICH EIN GEFÜHL DER KÄLTE... ICH RICHTETE MICH AUF... ICH KONNTE DIE UHR NICHT TICKEN HÖREN, OBWOHL SIE DOCH NUR 30 ZENTIMETER VON MIR ENTFERNT STAND. ALLES WAR SO, WIE SOLL ICH ES SAGEN, ALS OB DIE ZEIT STILLSTAND."

kann, scheinen sich weiter am subjektiven Ende des Spektrums zu befinden, jedoch auch dichter an der Mitte als ein gewöhnlicher Traum. Hypnagoge und hypnopompe Halluzinationen (die lebhaften Bilder, die man beim Übergang zum Einschlafen und beim Übergang zum Aufwachen sieht) gehören von der

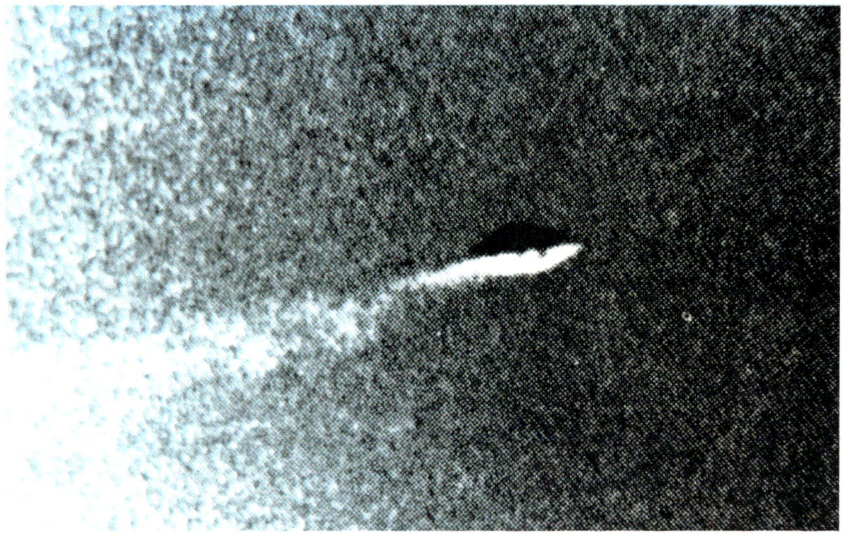

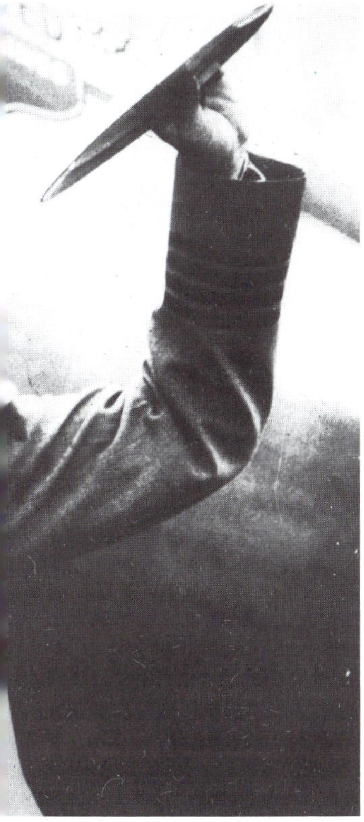

Einordnung her ebenfalls zum subjektiven Bereich des Spektrums.

Die QC-Erfahrung füllt in diesem Modell die Lücke zwischen der Mitte und dem objektiven Ende. Sie kann sogar einen breiten Bereich des Spektrums einnehmen, am besten stellt man sie sich als eine Art Spiegelbild der Hellträume vor. Während im Helltraum objektive, von außen kommende Informationen die subjektive Realität des Traumes beeinflussen, tritt in der QC-Erfahrung genau das Gegenteil ein: Die subjektiven Informationen manipulieren das, was als objektive Realität erlebt wird.

Es wäre zu weit gegriffen anzunehmen, daß das Bewußtsein das Sein vollkommen verändern könne (obwohl diese Annahme eine interessante Möglichkeit in Hinsicht auf die Quantenphysik und die Psychologie darstellt). Möglicherweise ist jedoch in ganz seltenen Fällen die Realität so ausreichend stark manipuliert, daß man ein Foto davon machen kann – das könnte die wenigen scheinbar unanfechtbaren Schnappschüsse von UFOs erklären. Für gewöhnlich ist die Manipulation der Realität nicht extern in dem Sinne, daß andere sie sehen können oder man sie fotografieren kann, sondern sie läuft innerhalb des sensorischen Systems der einzelnen Person ab. Das, was wir von der uns umgebenden Welt wahrnehmen, ist zum größten Teil das, was unser Gehirn den eingehenden Signalen entnimmt. Deshalb treten optische Täuschungen auf, auch dann, wenn wir wissen, daß wir hinters Licht geführt werden. Und so kann es unter dem Einfluß der QC-Erfahrung passieren, daß unsere Augen beispielsweise den Mond „sehen", unser Bewußtsein jedoch eine Begegnung mit einem UFO „erlebt". Die subjektiven Informationen aus einer unbestimmten Quelle haben die Wahrnehmung der objektiven Realität überlagert und die Sinnestäuschung geschaffen – daher die vielen IFO-Fälle (englisch: identified flying objects = identifizierte Flugobjekte). Angebliche Begegnungen mit Außerirdischen könnten demnach auf ganz gewöhnliche Reize, die unter dem Einfluß der QC-Erfahrung gesehen werden, zurückgeführt werden.

Ohne Frage ist mit der Weiterentwicklung solcher Hypothesen noch viel Arbeit verknüpft. Zu klären ist der Ursprung der subjektiven Informationen, die die objektive Realität überlagern. Dieser könnte intern (aus einer tieferen Ebene in uns selbst) oder extern (beispielsweise von einer anderen Intelligenz) herrühren. Vielleicht spielen sogar beide Faktoren eine Rolle.

Kosmische Plaudereien

Wenn außerirdische Intelligenz existiert, ist es unwahrscheinlich, daß sie ähnliche Technik einsetzt wie wir. Das Bewußtsein an sich mag das wahre Radioteleskop des Kosmos sein. Auf dieser Grundlage finden vielleicht ständig um uns herum Plaudereien von Bewußtsein zu Bewußtsein statt, während wir mit unseren Millionen-Dollar-Radioteleskop-Spielzeugen hilflos den Himmel absuchen. Nur wenige Menschen mögen eine ausreichende Empfindlichkeit besitzen, um sich in solche kosmischen Unterhaltungen einzuschalten. Wenn wir jedoch solche Botschaften auffangen, könnte unser Bewußtsein gezwungen sein, diese in Form von Ideogrammen (auf der Grundlage von Klischee-Interpretationen aus Science-fiction-Filmen und -Literatur) aus unserem Gedächtnisspeicher zu wiederholen. Jedes Individuum produziert dabei ein anderes Bild, das sich an seinem persönlichen Bildspeicher orientiert. Es würde jedoch eine prinzipielle Übereinstimmung vorhanden sein, weil unsere bildlichen Vorstellungen des Konzepts „außerirdisch" vom gemeinsamen kulturellen Hintergrund abhängen und daher ähnlich sind.

In den letzten Jahrzehnten haben Ufologen Schritt für Schritt die extraterrestrische Hypothese in ihrer traditionellen Form – die Theorie, daß UFOs Raumschiffe von anderen Planeten sind – unterminiert. Jetzt, da sie eine Reihe von Mechanismen gefunden haben, die zumindest einige Aspekte des Rätsels auf rationale Weise zu erklären scheinen, sehen sich die Forscher einem neuen Aufgabenfeld gegenüber. Die aufregende Hypothese, daß UFOs etwas mit außerirdischem Bewußtsein zu tun haben könnten, das über das menschliche Bewußtsein mit uns Kontakt aufnimmt, wirft viele neue Fragen auf.

"WENN AUSSERIRDISCHE INTELLIGENZ EXISTIERT, IST ES UNWAHRSCHEINLICH, DASS SIE ÄHNLICHE TECHNIK EINSETZT WIE WIR."

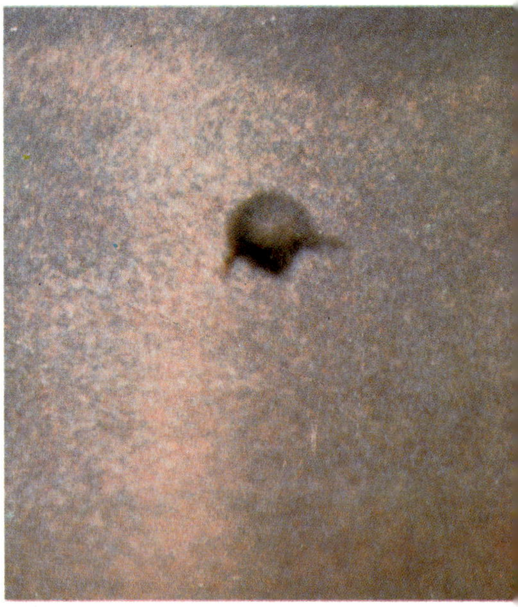

Links: Eine der beiden Aufnahmen, die ein gewisser Mr. Smith am 3. Juli 1967 im kanadischen Calgary von einer Scheibe machte, die bei Tageslicht auftauchte. Beide Photographien wurden von „Ground Saucer Watch" (GSW) analysiert. Das erste Bild wurde öffentlich für „echt" erklärt. Bei der zweiten Aufnahme kam GSW allerdings zu dem Schluß, daß sie „den plumpesten Täuschungsversuch darstellt, den wir je gesehen haben". Diese widersprüchlichen Ergebnisse verdeutlichen, daß auch der Computeranalyse von GSW Grenzen gesetzt sind.

Unten: Am 22. März 1973 entstand in Piedmont/Missouri diese Aufnahme eines Gegenstands, der wie ein „sich langsam bewegender Feuerball" aussieht. Der Ursprung dieses rätselhaften Phänomens konnte nie erklärt werden.

Links: Dieses luftschiffähnliche Objekt wurde am 3. November 1973 in der Nähe des kleinen Orts Cocoyoc im südöstlichen Teil von Cuernavaca, Mexiko, photographiert. Zeugen gaben einen Durchmesser von rund zehn Metern an. „Ground Saucer Watch" stufte es als militärische „Drohne" zu meteorologischen Forschungszwecken ein. Da sich die meisten Menschen mit modernem militärischen Gerät nicht auskennen, halten sie es häufig irrtümlicherweise für UFOs.

Rechts: Das scheibenförmige UFO, das am 5. Juni 1955 über der belgischen Stadt Namur photographiert wurde, bewegte sich ziellos hin und her. Es hinterließ einen Kondensstreifen.

Oben: Dieses scheibenförmige Objekt nahm der Neuseeländer W. N. Henry Mitte August 1978 bei Tage auf, als er in den italienischen Dolomiten Urlaub machte. Das Objekt, das er als silberfarben und mehr oder weniger kugelförmig beschrieb, faszinierte ihn. Er hielt den schwebenden Gegenstand für einen Heißluftballon. Während des Photographierens konnte er zu seinem Erstaunen die rätselhafte Scheibe nicht sehen – ein Phänomen, von dem bei UFO-Sichtungen häufiger berichtet wird.

Unten: Der Photograph Bill Burson bannte diesen leuchtenden Streifen, der in der Nacht des 31. August 1973 über Pelham, Georgia (USA), schwebte, auf Zelluloid. Aufgrund der langen Belichtungszeit sind auch die Sterne als Streifen erkennbar. Das Objekt, das den leuchtenden Streifen verursachte, ist nach wie vor nicht identifiziert. Das Phänomen wurde von vielen Zeugen beobachtet, darunter auch von mehreren Polizeibeamten der vier Städte in Südgeorgia, über denen es am nächtlichen Himmel erschien.

UFOS UND COMPUTER

Durch Computer digitalisierte Fotos von UFOs bringen oft erstaunliche und überraschende Feinheiten ans Licht, die auf den Originalen in den seltensten Fällen in vergleichbarem Maße erkennbar sind.

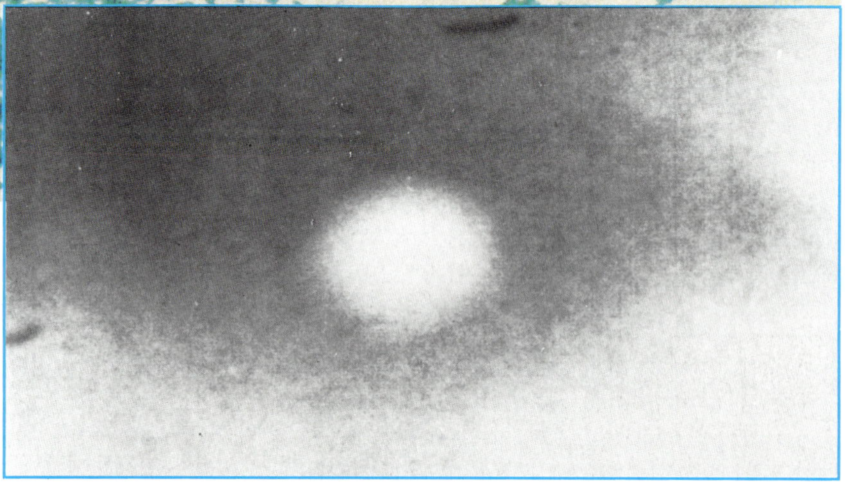

Ganz oben und oben: Dieser Wirbel von leuchtenden Farbschattierungen (ganz oben) ist das computerverstärkte Abbild einer leuchtenden Scheibe, die in Colorado, in den USA, gesichtet wurde. Die Farben geben die verschiedenen Helligkeitsstufen im Originalbild wieder (oben). Die Linien auf dem Farbbild wurden vom Computer zur Durchführung von bestimmten Messungen gezogen.

Der Großteil der Fotos von nicht identifizierten fliegenden Objekten ist eine Enttäuschung. Die Bilder sind verschwommen, lassen Details vermissen und bieten dem Betrachter nur wenig Informationen. Häufig sind die Objekte von der sie umgebenden Landschaft losgelöst fotografiert, so daß ihre Größe und Entfernung nicht zu beurteilen ist. Die meisten UFO-Fotos stellen sich nach näherer Untersuchung eindeutig als Fälschung heraus.

Es gehört zu den Aufgaben des UFO-Fotoanalytikers, das Bildmaterial zu überprüfen und die absichtlichen Fälschungen wie auch die verkannten Flugzeuge, Vögel und atmosphärischen Phänomene auszusortieren. Sein Interesse gilt dann dem Restbestand an Bildern von UFOs, deren Natur nicht mit herkömmlichen Mitteln zu eruieren ist.

Die UFO-Fotoanalytiker verfügen über verschiedene Untersuchungstechniken. Durch das Ausmessen der Schatten auf einem Foto können sie beispielsweise aufzeigen, ob ein angebliches UFO-Foto in Wirklichkeit eine Fälschung ist. Wurden nämlich für das Foto mehrere unter verschiedenen Lichtverhältnissen angefertigte Aufnahmen kombiniert, verraten dies die Schatten der Objekte. Durch Detailvergrößerung können verräterische, alltägliche Merkmale enthüllt werden. Noch häufiger kann nachgewiesen werden, daß es sich bei dem angeblichen UFO um ein ganz natürliches Objekt handelt, etwa um den Planeten Venus, der nur unter ungewöhnlichen atmosphärischen Bedingungen erblickt wurde.

In der Vergangenheit konnten jedoch mit diesen Methoden bei weitem nicht alle UFOs identifiziert werden. Das Computerzeitalter eröffnete aber auch auf diesem Gebiet neue Wege und machte es möglich, selbst besonders unscharfen Fotos Informationen über das unbekannte Objekt zu entnehmen.

Die UFO-Forschergruppe „Ground Saucer Watch" setzt den Computer in großem Maßstab für die Auswertung von UFO-Fotos ein. Die Gruppe wurde 1957 in Cleveland, Ohio, USA, mit dem Ziel gegründet, die Untersuchung von UFO-Berichten auf einem hohen Niveau von technischem Fachwissen durchzuführen. Laut einer Erklärung, die sie damals abgab, wollte die Gruppe veranlassen, daß „wirksame wissenschaftliche Schritte unternommen werden, um Betrugsmanöver und Vertuschung aus der UFO-Forschung zu verbannen". In ihrer Arbeit wird sie von zahlreichen wissenschaftlichen Beratern unterstützt.

Der Computer hat „Ground Saucer Watch" in die Lage versetzt, von 1000 Fotos, die dem ersten Anschein nach echt waren, 955 als Falscheinschätzungen oder Schwindel auszusortieren. Die Methode, nach der solche großen Mengen von Material überprüft werden, ist faszinierend.

Die Bilder können mit einem sogenannten Computerauge analysiert werden, bei dem eine Kamera ein Bild abtastet und es in knapp eine Viertel Million winzige „Pixel" (englisch: picture cells = Bildpunkte) zerlegt, die in 512 Spalten und 480 Reihen angeordnet werden.

Obwohl die Farben der Fotos wichtige Informationen liefern, werden sie bei einer solchen Computeranalyse nicht notwendigerweise berücksichtigt. Der Scanner (Abtaster) mißt die Helligkeit eines jeden Pixel und bewertet sie auf einer Grauskala von 0 (vollkommen dunkel) bis 31 (leuchtend weiß). So wird das gesamte Bild auf eine Viertel Million Zahlen reduziert, die der Computer speichert. Sie können abgerufen werden, um ein Schwarzweißbild, die direkte Kopie des Originals, auf einem mit dem Computer gekoppelten Monitor darzustellen. Es gibt aber auch unzählige verschiedene Arten, sie zu bearbeiten und so zu neuen Bildern zu gelangen, die das Vorhandensein von unvermuteten Informationen im Originalbild enthüllen oder es auf ungewöhnliche und erstaunliche Weise abbilden.

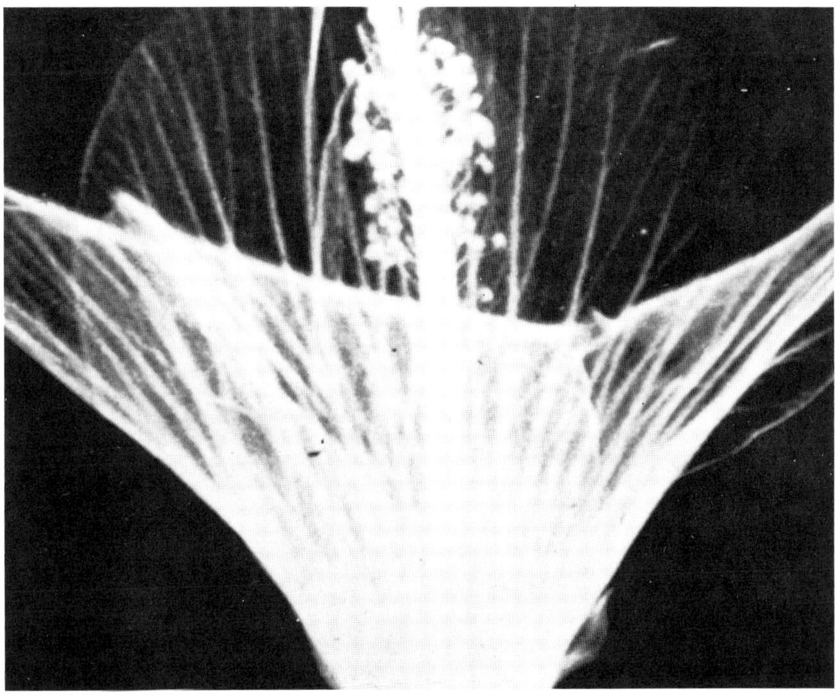

***Oben:** Auf dem Röntgenbild einer Blume stellen die hellen Flächen dickere Gewebeschichten dar, welche die Röntgenstrahlen stärker absorbieren als die dünneren Teile.*

***Unten:** Dieses digitalisierte Computerbild grenzt die verstärkten hellen und dunklen Flächen scharf voneinander ab. Auch bei UFO-Fotos kann man durch die Kantenverstärkung eine deutlichere Darstellung erhalten.*

Mit einem Knopfdruck kann der Computerfachmann einen Großteil der Dinge erledigen, für die ein Fototechniker mehrere Stunden in seinem Labor arbeiten muß. So kann man beispielsweise beliebige Details des Fotos auf volle Bildschirmgröße vergrößern. Grenzen sind jedoch dadurch gesetzt, daß das Pixel-Raster mit zunehmender Vergrößerung immer deutlicher zu erkennen ist und so das Bild schließlich auflöst.

Der Computer kann zudem Details in einem unterbelichteten Original betonen, indem er den Kontrast verändert und dunkle Stellen ausleuchtet und helle abdunkelt.

Bildverstärkung

Das Ausmessen der Entfernungen und Winkel auf dem Bild wird mit Hilfe des Computers zum Kinderspiel. Man kann ein Kreuzgitter auf das Bild projizieren und beliebig verschieben, um besonders interessante Punkte zu identifizieren. Der Computer ist dann in der Lage, die Position dieser Punkte zu bestimmen und sofort Entfernungen und Winkel zu berechnen.

Der Computer kann zudem eine Reihe von Kunststücken vollbringen, die für den Fotoexperten nur sehr schwer oder auch überhaupt nicht ausführbar wären. So kann er zum Beispiel die Kanten der auf dem Foto erkennbaren Objekte verstärken. Dieser Effekt ist auf dieser Seite an dem Röntgenbild einer Blume verdeutlicht. Jede Grauschattierung beinhaltet Informationen über die Dicke der Blume und damit über ihre Fähigkeit, an diesem Punkt Röntgenstrahlen zu absorbieren. Auf dem oben dargestellten Negativbild repräsentieren die helleren Stellen die dickeren Teile des Pflanzengewebes. Auf den Blütenblättern und dem Stempel in der Mitte sind eine Vielzahl von feinen Strukturen deutlich zu erkennen.

Die Fähigkeit des Auges, Grauschattierungen zu unterscheiden, ist allerdings begrenzt. Ebenfalls auf der vorherigen Seite dieses Heftes können Sie das Ergebnis sehen, wenn eine Verstärkung der Kanten mittels Computer erfolgt. Gebiete gleicher Schattierung auf dem Original erscheinen auf dem computerverstärkten Bild mittelgrau. Wo immer sich im Original die Helligkeit verstärkt (von links nach rechts), zieht der Computer eine leuchtende Linie, während er beim Übergang von Hell zu Dunkel eine dunkle Linie zieht. Das Ergebnis ist verblüffend. Die Struktur der Blume, die in dem feinen, schleierähnlichen Röntgenbild verlorenging, liegt jetzt offen als Flechtwerk von beeindruckender Deutlichkeit vor uns.

Wendet man die Methode der Kantenverstärkung bei Fotos an, die matte Details zeigen, wirkt sie wie eine Offenbarung. Eine andere Technik, die Farbkodierung, kann aus dem Helligkeitsmuster des Originalbildes zusätzliche Informationen gewinnen. Hier wird der Umstand ausgenutzt, daß das Auge viel besser Farben als Grauschattierungen unterscheiden kann.

Unten: Der Computer hat das Röntgenbild der Blume von der vorhergehenden Seite in ein kräftiges Farbenmuster umgesetzt. Sämtliche Einzelheiten sind auch im Original vorhanden, jetzt aber sind sie in einer Form dargestellt, die das menschliche Auge und Gehirn besser lesen können.

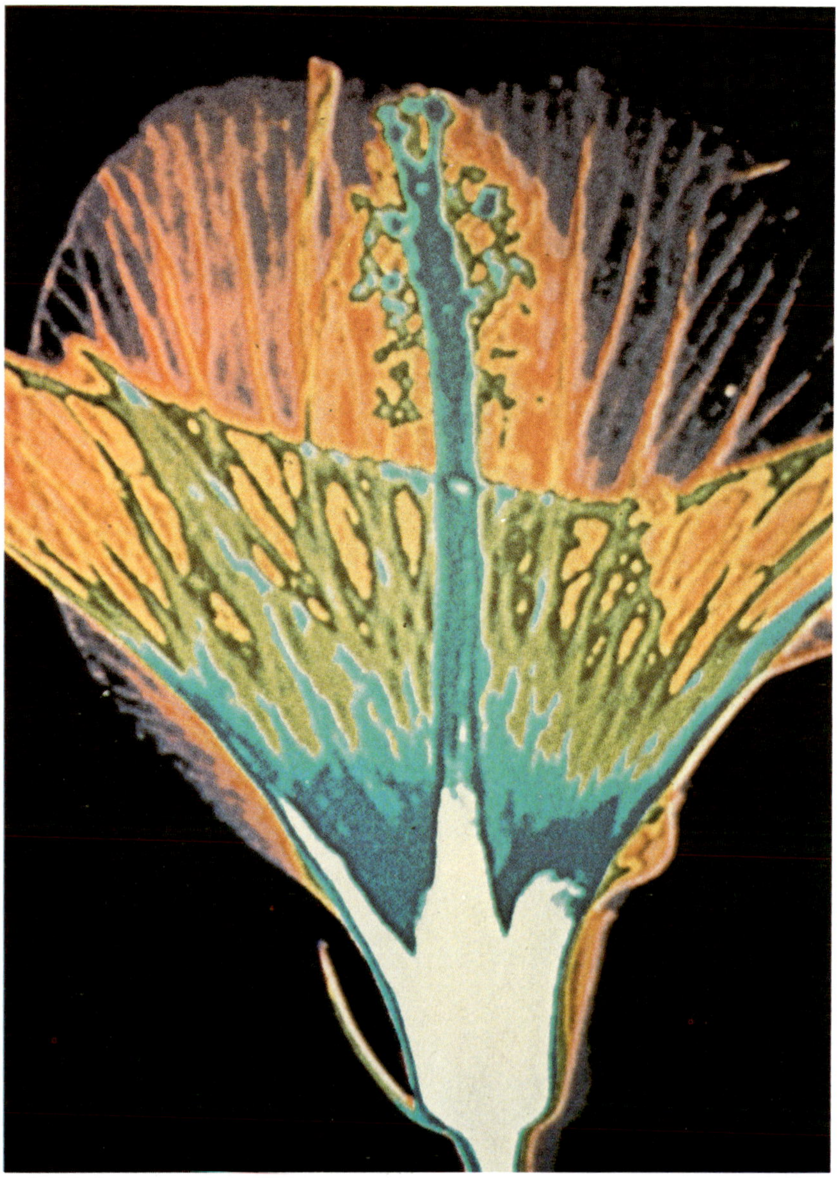

Um ein Bild farbig zu kodieren, wird der Computer an einen Farbmonitor angeschlossen. Jedem Pixel wird dann eine Farbe in Übereinstimmung mit seiner Helligkeit zugeordnet. Die dunkelsten Stellen des Röntgenbildes der Blume erscheinen schwarz. Die dunkelste Grauschattierung (die dünnsten Teile der Pflanze) werden in violetten und roten Schattierungen wiedergegeben. Heller werdende Flächen werden in Gelb, Grün und Blau dargestellt. Die hellsten Abschnitte (die dicksten Teile der Pflanze) sind dann weiß.

Das sich ergebende Bild zeigt eine bunte Blume, bei der sämtliche Strukturen sofort ins Auge fallen. Röntgenärzte verwenden diese Art der Farbkodierung auch bei Röntgenbildern, um die inneren Organe besser sichtbar zu machen.

Die Astronomie und die Raumfahrttechnik nutzen ein ähnliches Verfahren bei den Bildern, die mit Teleskopen von der Erde aus aufgenommen werden, und bei den Fernsehbildern, die per Satellit übermittelt werden. Auf den Originalbildern können die Helligkeitsstufen die wirkliche Helligkeit der Planetenoberfläche widerspiegeln, aber auch die Temperatur einer Gaswolke im All oder die Intensität von Radiowellen aus fernen Galaxien. Das Muster des computerisierten Abbildes wird diese Informationen in Form von Farbschattierungen wiedergeben.

Eine zweideutige Botschaft

Welche Rolle spielt dieses Verfahren bei der Analyse von UFO-Fotos? Die verschiedenen Helligkeitsstufen auf einem UFO-Foto informieren über die Form des Objekts und seine Helligkeit. Die Verstärkung dieser Muster durch die Technik der Farbkodierung legt in vielen Fällen sofort den wahren Ursprung des Objekts offen. Eine unterbrochene, ungleichmäßige Schwärzung könnte auf eine Wolke hinweisen. Eine zylindrische Form mit vorstehenden Höckern läßt auf einen Flugzeugrumpf schließen, dessen Flügel teilweise vom Dunst verdeckt sind. Genauso erweisen sich die Konturen eines angeblichen UFOs oft als Teil der Objektivschutzkappe des Fotoapparates.

„Ground Saucer Watch" hat mit dieser Technik Tausende von Fotos überprüft. Nehmen wir einmal als Beispiel die beiden Colorado-Bilder, die auf der gegenüberliegenden Seite abgebildet sind. Auf ihnen ist ein einzelnes UFO zu sehen, das am 28. August 1969 um 6.20 Uhr von Norman Vedaa und seinem Mitfahrer gesichtet und fotografiert wurde, als sie mit dem Auto unterwegs waren und sich ungefähr 110 Kilometer von Denver, Colorado, entfernt befanden. Vedaa beschrieb das Objekt als gleißendes Licht von ovaler Form und geräuschlos. Er sagte: „Das Objekt war hell, kaum, daß man es anschauen konnte, und schien zeitweise zu schweben. Das Leuchten des Objekts ... erzeugte ein reflektierendes Licht auf den dahinterliegenden Wolken ..." Die beiden farbigen Diapositive, die Veeda anfertigte, zeigen tatsächlich ein scharf abgegrenztes gelbliches Leuchten am Himmel, das den Wolkenhintergrund erhellt.

Im folgenden wandte man bei den Colorado-Fotos die Farbkodiertechnik an, das Ergebnis davon können Sie auf der ersten Seite dieses Artikels sehen. Wieder werden die helleren Flächen des Originals durch Weiß, Blau und Gelb wiedergegeben, die dunkleren Teile durch Rot, Violett und Schwarz.

Die hellen vertikalen Linien in diesem Bild und in dem Bild darunter verkörpern verschiedene Methoden, die in den Helligkeitsstufen enthaltenen Informationen darzustellen. Der Computer hat vom Bild, entlang der linksseitigen Linie, eine „Scheibe" abgeschnitten. An der rechten Linie hat er die Helligkeitskurve der Szene an dieser Linie entlang aufgezeichnet, was durch die wellige Linie dargestellt wird. Somit verkörpert der „Buckel" in der wellenförmigen Linie das Helligkeitszentrum des Objekts.

Darüber hinaus ermöglicht der Computer eine schnelle Untersuchung von Licht und Schatten auf jedem beliebig ausgewählten Abschnitt des Bildes.

Bei der Untersuchung der Vedaa-Bilder gelang es „Ground Saucer Watch", immer mehr Erklärungen auszuschließen, die darauf abzielten, die Sichtungen Ursachen zuzuschreiben, die gut bekannt sind und verstanden werden. Bei dem unbekannten Objekt handelte es sich zweifelsfrei nicht um einen Wetterballon und nicht um eine Schar Vögel. Die Untersuchung zeigte, daß die Helligkeitsverteilung des UFOs der einer Scheibe entsprach. Es konnte ausgeschlossen werden, daß es sich um ein Flugzeug handelte – dafür war das Objekt eindeutig zu hell. Streulichter auf dem Kameraobjektiv, Reflexionen von Wolken, Luftspiegelungen und andere atmosphärische Erscheinungen wurden samt und sonders ausgeschlossen: Die Sonne stand dafür nicht in der richtigen Position.

In der nahen Zukunft wird man die Fotoanalyse wahrscheinlich mit Scannern durchführen, die das Originalbild in noch feinere Einzelheiten zerlegen können. Dann wird es praktisch unmöglich sein, ein UFO-Foto zu fälschen. Vielleicht kommen wir dann den wahren Hintergründen der UFO-Phänomene einen Schritt näher.

Ganz oben und oben: Der Amerikaner Norman Vedaa war mit dem Auto unterwegs, als er eine leuchtende Scheibe erblickte. Er hielt an und machte zwei Fotos davon. Die Scheibe ist in der Nähe der oberen Bildmitte zu erkennen. Das zweite Foto (oben) war die Vorlage für die digitalisierten UFO-Bilder auf der ersten Seite dieses Artikels.

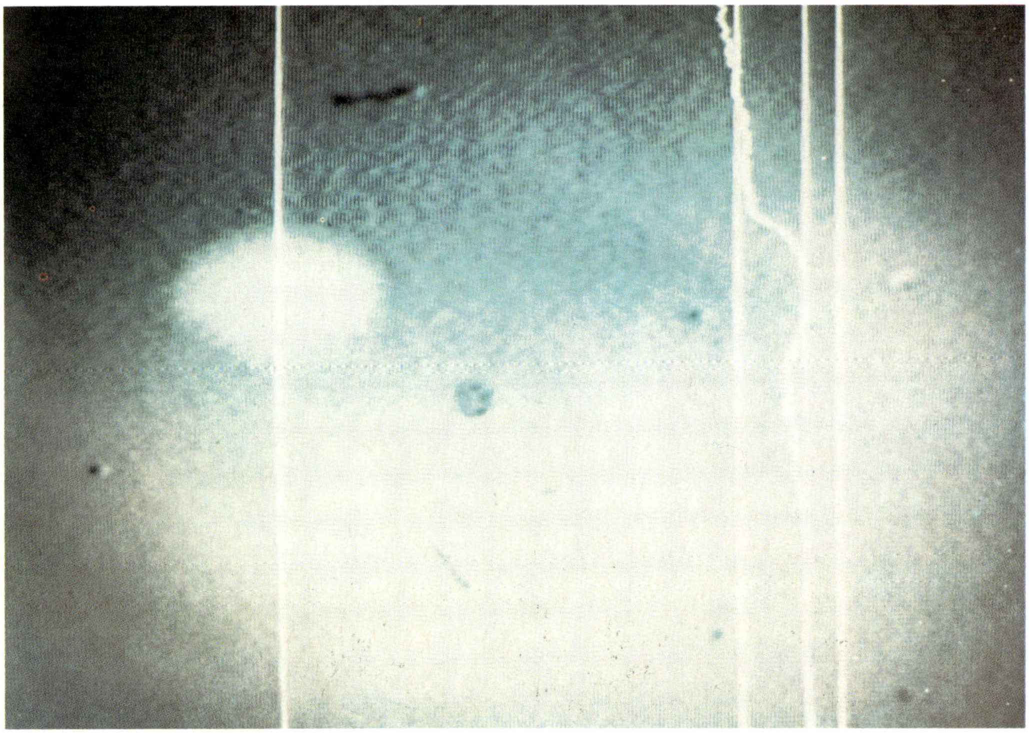

Rechts: Mit Hilfe eines Computers kann man die Bildhelligkeit messen. In diesem Fall wurde entlang der linken Linie gemessen. Die ungleichmäßige Linie schlägt nach rechts aus, wo das Foto am hellsten ist. Diese Kurve half bei der Beweisführung, daß das scheibenförmige UFO nicht durch Lichtstreuung auf dem Objektiv, durch einen Wetterballon oder ein Flugzeug verursacht wurde.

UFO-BEOBACHTUNG

Eine Reihe berühmter Forscher hat sich intensiv der Analyse von UFO-Sichtungen gewidmet. Als aber Harley Rutledge eine routinemäßige UFO-Untersuchung in Angriff nahm, rechnete er nicht damit, daß sie sieben Jahre dauern und zu einem Meilenstein der UFO-Forschung werden würde.

Der Begriff „praktische Ufologie" ist für viele ein Widerspruch in sich. Auch so mancher Ufologe geriet angesichts der wenig stichhaltigen und oft paradoxen Augenzeugenberichte zu dem Schluß, daß es keine greifbare Erklärung für dieses Phänomen gebe.

Der französische Ufologe Jacques Vallee aber ist nur einer der immer zahlreicheren fortschrittlichen Forscher, die dieses Thema differenzierter angehen. In einem dem „American Institute of Aeronautics and Astronautics" vorgelegten Papier behauptete er: „Das UFO-Phänomen ist das Produkt einer Technik, in der physikalische und paranormale Phänomene zusammenfließen." Davon ausgehend, wäre es, da die orthodoxe Wissenschaft eher für die Arbeit mit physikalischem als mit paranormalem Beweismaterial gerüstet ist, vielleicht am sinnvollsten, sich vor allem auf die materiellen Aspekte von UFO-Sichtungen zu konzentrieren.

Unter dem Einfluß solcher Überlegungen nahm Harley Rutledge das bislang vielleicht bedeutendste Projekt der angewandten Ufologie in Angriff. Schauplatz war der US-Staat Missouri. Es begann 1973, als der damalige Professor für Physik an der „South-East Missouri State University" von den seltsamen Lichtern erfuhr, die von zahlreichen Augenzeugen bei Piedmont, 80 Kilometer von Cape Girardeau, beobachtet worden waren und sich jeder rationalen

Unten: Lichter wie diese am Nachthimmel über Piedmont und Cape Girardeau am Mississippi veranlaßten Harley Rutledge zu seiner Studie. Zum damaligen Zeitpunkt hatten die Ufologen es aufgegeben, solchen Phänomenen nachzugehen, da sie zu viele Möglichkeiten für Fehlinterpretationen bargen. Rutledges Projekt aber erbrachte aufgrund systematischer Messungen den Nachweis, daß Bilder wie diese nicht immer durch Naturerscheinungen zustande kommen.

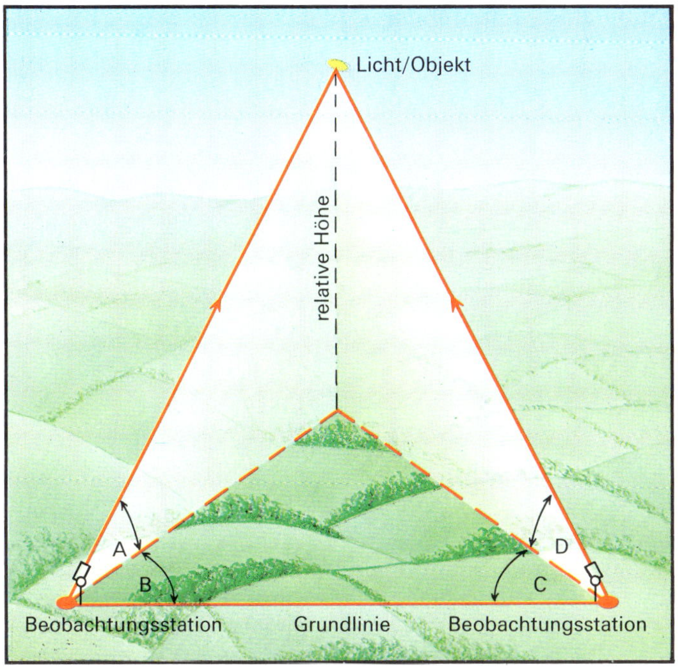

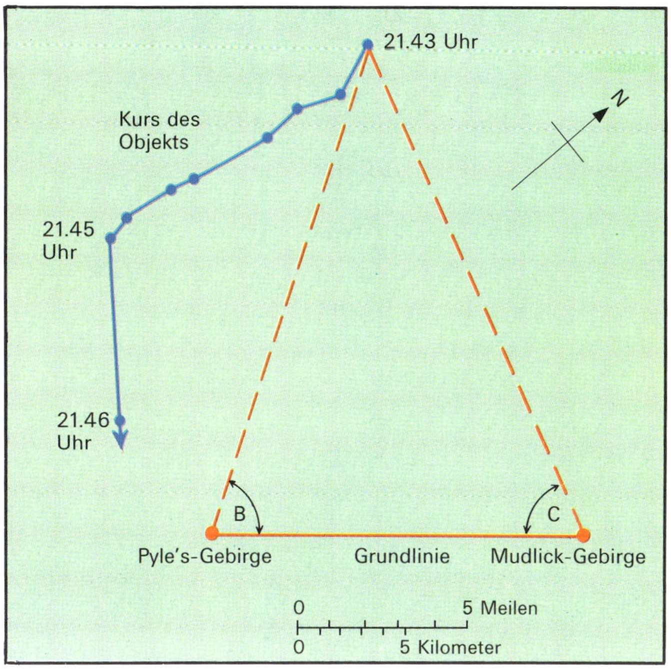

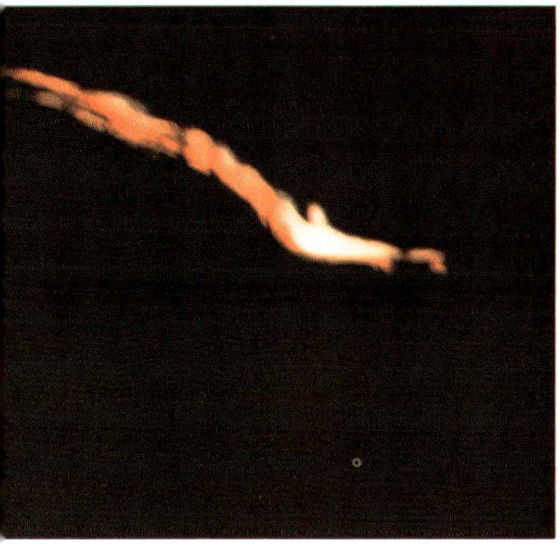

Oben links: Mittels Triangulation, einer Technik der Landvermessung, läßt sich die relative Höhe eines Objektes bestimmen. Für die Berechnung benötigt man die senkrechten Winkel (A und D) sowie die horizontalen Winkel (B und C), die gleichzeitig von zwei Punkten am Boden mit einem bekannten Abstand (Grundlinie) zueinander gemessen werden.

Oben rechts: Die Grafik zeigt den Kurs eines UFOs, das am 25. Mai 1973 gesichtet und geortet wurde. Um 21.43 Uhr wurde das Objekt von den Forschern beider Beobachtungsstationen – am Pyle's Mountain und dem 18 Kilometer entfernten Mudlick Mountain – erfaßt. Mittels Triangulation ermittelten sie die Höhe und Entfernung des Objekts und konnten so seine exakte Position bestimmen. Zwischen 21.43 Uhr und 21.46 Uhr wurden neun solcher Peilungen im Abstand von 15 Sekunden durchgeführt.

Erklärung zu entziehen schienen. Als engagierter Wissenschaftler beschloß Rutledge, dem Phänomen nachzugehen. Er stellte ein Team von Experten aus verschiedenen Bereichen zusammen, besorgte sich Überwachungs- und Meßinstrumente und brach Richtung Mississippi zu dem genannten Standort auf – in der Erwartung, die Arbeit nach zwei, drei Wochenenden abschließen zu können.

Tatsächlich aber war sein Untersuchungsbericht erst sieben Jahre später fertig, denn Rutledge mußte die Ergebnisse von beinahe 2000 Beobachtungsstunden verarbeiten. In dieser Zeit hatten er und sein Team 178 UFOs beobachtet. 157 davon konnten instrumentell registriert sowie durch kombinierte Beobachtung und fotografische Dokumentation nachgewiesen werden. An verschiedenen Stellen hatte man Radar und andere technische Vorrichtungen zur simultanen Überwachung installiert.

Bei der Mehrzahl der beobachteten Phänomene handelte es sich um Lichter am – meist nächtlichen – Himmel ohne erkennbare Form. Nun tendiert die Ufologie zunehmend dazu, diese Art von Sichtungen zu vernachlässigen, sofern sie nicht durch eindeutige Beweise untermauert sind. Denn ein Lichtschein sagt nicht viel aus und birgt außerdem zahlreiche Möglichkeiten der Fehlinterpretation. Ein Lichtpunkt kann von einem Autoscheinwerfer herrühren, einem Meteoriten oder Satelliten, oder auch von einem Vogelschwarm, der das Licht reflektiert.

Praktischer Ansatz

Da Rutledge sich bei seiner Arbeit aber auf die eindeutigen Fakten beschränkte, schloß er derartige Fehldeutungen zuverlässig aus. Durch Triangulation, eine üblichen Technik der Landvermessung, konnten die Objekte präzise geortet und ihre Flugbahnen genau verfolgt werden. Aus diesen Meßdaten ließen sich auch Größe, Höhe und Geschwindigkeit zuverlässig ableiten.

Nachstehend ein typisches Beispiel einer solchen Beobachtung, protokolliert am 25. Mai 1973. An jenem Abend waren an erhöhten Punkten zwei Beobachtungsteams postiert worden, eines auf dem Pyle's Mountain („P") und das andere in etwa 18 Kilometer Entfernung auf einem Feuerbeobachtungsturm auf dem Mudlick Mountain („M"). Beide Einheiten waren mit Instrumenten ausgerüstet und hatten Funkkontakt zueinander.

Um 21.37 Uhr meldeten die vier Beobachter bei *P* ein Licht in westlicher Richtung. Die bei *M* postierte Mannschaft bestätigte die Sichtung sogleich und begann unverzüglich mit der Peilung. Die Meßdaten wurden alle 15 Sekunden übertragen und auch auf Videoband aufgezeichnet.

Um 21.42 Uhr meldete *P*, das Objekt bewege sich „ziemlich langsam über den Himmel; es ist relativ hell, etwa wie ein Stern erster Ordnung. Seine Farbe ist gelblich bis orange". *M* meldete: „Wir haben es jetzt voll im Blickfeld."

Bis 21.43 Uhr, als beide Teams das Objekt deutlich wahrnahmen, war es mittels Triangulation exakt geortet. Zwischen 21.43 Uhr und 21.46 Uhr wurden neun solcher Ortungen in Abständen von 15 Sekunden durchgeführt. Ein Wert ging infolge einer Funkstörung verloren, doch kam von *P* die Bestätigung, daß sich das Objekt noch immer auf seinem Kurs befände. Um 21.46 Uhr verlor *M* das Objekt aus den Augen, während es von *P* noch zweimal, nämlich um 21.48 Uhr und 21.50 Uhr, gesichtet wurde. Da jedoch von *M* keine simultanen Daten mehr geliefert wurden, konnten diese Beobachtungen lediglich der groben Richtungsbestimmung dienen.

Insgesamt wurde das Objekt auf seinem unregelmäßigen Kurs über eine Strecke von mehr als 25 Kilometer exakt und über eine weit größere Distanz mit annähernder Genauigkeit verfolgt. Die Analyse der gewonnenen Daten ergab, daß es anfangs mit einer Geschwindigkeit von etwa 500 km/h flog und nach einer Kursänderung auf etwa 523 km/h beschleunigte. Daraus ergeben sich zwar keine eindeutigen Erkenntnisse über die Natur des Phänomens, immerhin aber lassen sich damit viele theoretische Möglichkeiten ausschließen: Kein Auto etwa könnte sich in solcher Höhe bewegen, kein Vogel so schnell und kein Satellit so niedrig fliegen und kein Meteorit schließlich seine Flugbahn so ändern.

Mehr als purer Zufall

Auf diese Weise konnte Rutledge die Realität des Phänomens eindeutig nachweisen und die meisten – wenn nicht gar alle – bis dato aufgestellten, auf Naturereignisse verweisenden Theorien entkräften. Dazu lieferten die aufgezeichneten Meßdaten eine solide Basis für zukünftige Forschungsvorhaben. Rutledges Beobachtungen gaben überdies in mindestens 80 Fällen zu erkennen, daß die Objekte auf die Aktionen der Beobachter gezielt zu reagieren schienen. Dabei fielen die Reaktionen nicht immer gleich aus, doch konnten sie wegen ihrer Häufigkeit nicht als bloßer Zufall gewertet werden.

Beispielsweise richtete Rutledge am 21. Juni 1973 seine Taschenlampe auf ein unbewegliches Licht, das sich sogleich und allem Anschein nach bewußt langsam in Bewegung setzte, als wolle es sich der Beobachtung entziehen. Am 20. Juni 1976 leuchtete er auf etwas, das wie ein neuer Stern aussah und sogleich „ausging". In mehreren Fällen blieben „Sterne" stehen, begannen sich zu bewegen oder änderten ihre Richtung, sobald die Beobachtung einsetzte, eine Kamera auf sie gerichtet wurde oder Autoscheinwerfer ein- oder ausgeschaltet wurden. Es gab sogar Fälle, in denen ein Objekt anscheinend auf die Stimmen der Beobachter – auf den Funkverkehr über eine Entfernung von drei Kilometer und mehr – und sogar auf ihre Gedanken anzusprechen schienen (natürlich ist letzteres nicht wissenschaftlich nachzuweisen und muß daher außer acht gelassen werden). In jedem Fall läßt dieses Verhalten die Hypothese zu, daß die Objekte vermutlich über eine gewisse Intelligenz verfügten oder von intelligenten Wesen gesteuert wurden. Auch liegt die Vermutung nahe, daß sie ihrerseits über raffinierte Möglichkeiten der Beobachtung verfügten, denn immerhin waren Rutledges Mitarbeiter aus der Luft nicht so ohne weiteres auszumachen und darüber hinaus meist im Dunkeln tätig.

Aus Rutledges Untersuchung lassen sich keine eindeutigen Erkenntnisse ableiten. Zweifellos gelang ihm jedoch der Nachweis, daß es UFOs tatsächlich gibt, wodurch die Ufologie neue Impulse erhielt.

Unten: Der Physiker Harley Rutledge mit seinen Meßgeräten, darunter ein tragbares, batteriebetriebenes Oszilloskop.

Links: Mitarbeiter von Harley Rutledge bauen ihre Instrumente zur Beobachtung und Peilung auf. Rund 2000 Stunden widmete sich das Team dem anspruchsvollen Projekt und beobachtete dabei, daß sich so manches unbekannte Objekt, sobald die Instrumente eingeschaltet wurden, anscheinend bewußt aus der Visierlinie herausbewegte.

Sind Fakten einmal erwiesen, können sie als Ausgangsbasis für weitere Hypothesen dienen, die dann ihrerseits wieder untersucht werden. Dies ist der zweite nützliche Aspekt der praktischen Ufologie. Da die „Fakten" der Ufologie selbst aber so umstritten sind, sind auch die Möglichkeiten zur Überprüfung von Hypothesen zwangsläufig begrenzt. Doch überrascht es, wie oft Ufologen sogar naheliegende Gelegenheiten verpassen. So behauptete der Forscher Peter Paget, Stack Rock auf der walisischen Insel Dyfed werde als geheime UFO-Basis genutzt. Obgleich er aber 1979 in der Gegend Untersuchungen durchführte, unterließ er es, der Insel selbst einen Besuch abzustatten, um dieser Behauptung auf den Grund zu gehen. Wäre sie zutreffend gewesen, hätte er eine der sensationellsten Entdeckungen der Weltgeschichte gemacht. Indes fuhr statt seiner ein Reporter der BBC namens Brynmor Williams mit einem gecharterten Boot auf die Insel – und konnte keine UFO-Basis entdecken.

Der Wahrheit höchst dienlich ist die eingehende Überprüfung bestimmter Beobachtungen, die auf dem reinen Augenschein beruhen. Dabei hat sich schon so manche UFO-Sichtung als Täuschung erwiesen. Die in Bristol ansässige PROBE-Gruppe beispielsweise beschloß, ihrem Argwohn gegenüber einer UFO-Sichtung in Warminster nachzugehen. Sie bezweifelten nicht die Ehrlichkeit der Augenzeugin, die sicher war, ein unbekanntes Flugobjekt gesehen zu haben. Doch drängten sich angesichts der Geschwindigkeit, des Kurses und Flugverhaltens des Objekts Gedanken an einen Ballon auf.

Man besorgte also einen Ballon, den man an einer Schnur einen ähnlichen Kurs wie das angebliche UFO fliegen ließ. Die Augenzeugin wurde zum Ortstermin gebeten, und es wurden Fotos gemacht. Bald war die Frau überzeugt, daß das, was sie gerade sah, ziemlich genau ihrer damaligen „UFO-Beobachtung" entsprach. Ein weiterer Versuch, bei dem die Schnur abgeschnitten wurde und der Ballon davonflog, bestärkte sie in ihrer Meinung. „Die Untersuchung und die durchgeführten Tests erbrachten, daß das beschriebene UFO einem silberroten, aluminiumbeschichteten Kunststoffballon ähnelte, der vor der Sichtung von einem Punkt westlich von Warminster losgelassen worden war", hieß es in einem abschließenden Bericht der Gruppe, der zu dem Schluß führte, daß das angebliche UFO mit diesem Ballon wohl identisch war.

Zwar mögen solche Unternehmungen nicht zu den befriedigendsten Tätigkeitsbereichen der Ufologie zählen, doch sind sie insofern wichtig, als sie helfen, falsche Daten auszuschließen und somit die echten Phänomene herauszukristallisieren.

Eines der interessantesten Experimente im Bereich der angewandten Ufologie führte der kalifornische Professor Alvin Lawson durch. Gewiß, seine Untersuchung, bei der er Phantasien von einer Entführung durch Außerirdische mit Berichten von Menschen verglich, denen dies angeblich tatsächlich widerfahren war, tangiert das UFO-Phänomen nur bedingt. Beeindruckend war jedoch folgendes Ergebnis: Die „Phantasieberichte" – also Schilderungen von imaginären UFO-Entführungen, die Testpersonen ohne jede UFO-Erfahrung in Hypnose abgaben – deckten sich bis ins Detail mit den „Tatsachenberichten" jener Menschen, die behaupten, von Außerirdischen entführt worden zu sein. Damit, so könnte man meinen, hätte sich nur die Vermutung, daß die „wirklichen" Entführten lediglich Hirngespinsten nachhängen, bestätigt.

Zu denken gab allerdings die Tatsache, daß die beiden Gruppen ihre Erlebnisse auf sehr unterschiedliche Art erzählten. Zwar war der Inhalt, wie gesagt, sehr ähnlich, doch schienen die „echten" Entführten bei ihren Schilderungen gefühlsmäßig weit stärker involviert. Inwieweit sich dafür psychologische Erklärungen finden lassen – etwa daß der „Entführte" ein Geburtstrauma wiedererlebt –, kann nur in eingehenden individuellen Tests analysiert werden.

Harley Rutledges systematische Messungen und die psychologischen Tests von Alvin Lawson stellen höchst verschiedene Zugänge zum Problem UFO dar, und zur eindeutigen Klärung führten auch sie nicht. Dennoch haben uns diese beiden Wissenschaftler der Lösung des großen Rätsels einen Schritt nähergebracht.

Unten: Der Psychologe Professor Alvin Lawson mit Judy Kendall, die behauptete, von einem UFO entführt worden zu sein.

Ganz unten: Ist das Objekt eine „fliegende Untertasse"? Das Foto wurde von der PROBE-Gruppe aus Bristol bei einem Experiment aufgenommen, in dessen Verlauf sich herausstellte, daß ein mutmaßliches UFO höchstwahrscheinlich nur ein Aluminiumballon war.

Die vier Fotos auf dieser Seite stammen aus einem Film, den ein Kamerateam der „Associated Television“ für die Sendung „Landwirtschaft heute“ in der Nähe von Birmingham, England, im Oktober 1972 drehte.

Kameramann Neil Stuart fing einen hellen Leuchtstreifen ein, der über den Himmel schoß (oben). Er wuchs in die Länge (siehe oben rechts und rechts) und teilte sich schließlich, bevor er verschwand, in zwei kaum erkennbare leuchtende Flecken.

Das Team gab seine Beobachtung an die Behörden und an UFO-Forscher weiter. Jenny Randles vom „Northern UFO Information Network“ sah sich den Film an und hielt das „UFO“ für eine F-111, einen Bomber des nahegelegenen US Airforce-Stützpunkts, die Treibstoff abwarf. Ein Sprecher der USAF widersprach – verständlicherweise, denn Treibstoff über Agrarflächen abzuwerfen ist verboten! So bleibt dieser Fall nach wie vor für jede Art von Erklärung offen.

Das leuchtende goldfarbene UFO (oben) fotografierten Norman Vedaa und ein nicht genannter Freund in der Nähe von Denver, Colorado, USA, am 28. August 1969 um 6.20 Uhr. Vedaa entdeckte das einzelne UFO, als es über dem Highway schwebte, und zückte sofort die Kamera. Er stellte fest, daß das Objekt außerordentlich hell leuchtete und sehr stabil wirkte. Sein Freund machte inzwischen die beiden Fotos. Beide meinten später, das UFO habe keinerlei Geräusche von sich gegeben. Während sie die Kamera einstellten, drehte das UFO ab und flog so schnell fort, daß es „innerhalb von Sekunden" verschwunden war. Die Aufnahmen wurden bei der „Ground Saucer Watch, Inc." einer Reihe von Computertests unterzogen. Sie ergaben, daß es sich um ein dichtes, dreidimensionales und weit entferntes Objekt handelte – kurz, um ein echtes UFO. „Ground Saucer Watch" schloß daraus: „Die Aufnahmen lassen sich zur Zeit durch kein Phänomen in der Natur oder am Himmel erklären, das wir kennen."

Auch bei der „Sixth Annual Spacecraft Convention", die 1950 in Giant Rock in der Mojavewüste, Kalifornien, abgehalten wurde, sah man ein Raumschiff am Himmel schweben (rechts). Es klingt zu schön, um wahr zu sein, daß sich ausgerechnet bei einer Tagung zum Thema Raumschiff das umstrittene Objekt nicht nur einstellen, sondern sogar fotografiert werden sollte. Wahrscheinlicher ist, daß der Fotograf eine Windhose, ausgelöst durch einen MIni-Wirbelsturm, im Bild festhielt. Nicht auszuschließen wäre auch, daß die Teilnehmer einer solchen Tagung – ob nun bewußt oder nicht – ihren sehnlichen Wunsch, ein Raumschiff zu entdecken, auf ihre Umgebung projizierten und damit auch auf den Film. In diesem Fall handelte es sich allerdings um eine überaus bemerkenswerte Aufnahme.

DER LANGE SCHATTEN DER ANGST

Männer in Schwarz erregten große Aufmerksamkeit, als sie in den 50er Jahren begannen, UFO-Zeugen zu bedrohen. Die Macht der unheimlichen, schwarzgekleideten Gestalten ist jedoch jahrhundertealt.

UFO-Beobachter und UFO-Forscher sind keineswegs die einzigen Menschen, die von Männern in Schwarz aufgesucht wurden. Bei der Untersuchung einer religiösen Erweckerbewegung in Nordwales im Jahre 1905 stießen Wissenschaftler auf historische Berichte, die zumindest dem ersten Anschein nach Ähnlichkeiten mit dem aktuellen Phänomen aufweisen. Einer der Berichte lautete:

„In der Nachbarschaft wohnt eine außerordentlich intelligente junge Frau aus dem Bauernstand, bei der in drei aufeinanderfolgenden Nächten zu Mitternacht ein schwarzgekleideter Mann im Schlafzimmer erschienen ist. Die Gestalt hat dem Mädchen eine Botschaft übermittelt, die sie jedoch nicht weitererzählen darf."

Die fragliche junge Frau, Mary Jones, war eine der führenden Persönlichkeiten der religiösen Bewegung und wegen der geheimnisvollen Lichter, die sie begleiteten, gut bekannt. Bei der Begegnung mit ihrem unheimlichen nächtlichen Besucher wurde Mary von einem ihrer Lichter „gerettet", das einen weißen Strahl gegen die Erscheinung aussandte. Sofort verschwand der Schwarzgekleidete. Das alles klingt wie ein Hirngespinst – nur mit dem Unterschied, daß viele MIBs (englisch: Men In Black = Männer in Schwarz) von unabhängigen und auch skeptischen Zeugen beobachtet wurden. Heißt das aber, daß es die MIBs wirklich gibt und daß einer von ihnen im Schlafzimmer dieser „intelligenten jungen Frau aus dem Bauernstand" erschien? Unsere Erkenntnisse aus der modernen Welle von MIB-Erscheinungen könnten zum Verständnis ähnlicher Berichte aus früheren Zeiten beitragen.

Oben: ***Montague Summers (1880–1948) untersuchte als Autor eine Anzahl von historischen MIB-Fällen – Jahre vor dem ersten modernen Kontakt eines UFO-Zeugen mit jenen Männern in Schwarz.***

Unten: ***Im Jüngsten Gericht von Fra Angelico (um 1387–1455) werden die Verdammten (rechts) von schwarzen Dämonen zur Hölle gezerrt. Einige moderne Autoren gehen so weit, die MIBs mit diesen finsteren Gestalten gleichzusetzen.***

In den Überlieferungen fast jedes Landes der Welt gibt es die MIBs in der einen oder anderen Form, und immer wieder verlassen sie das Reich der Legende, um im Alltagsleben aufzutreten. Am 2. Juni 1603 gestand ein junger Bursche vom Lande vor einem Gericht in Südwestfrankreich, als Werwolf ein Kind entführt und aufgefressen zu haben. Seiner Aussage nach handelte er auf Befehl des „Herren des Waldes", dem er als Sklave diente. Er beschrieb ihn als einen großen, dunklen Mann, der in Schwarz gekleidet war und ein schwarzes Pferd ritt.

Im Schutz der Dunkelheit

Montague Summers, der den Fall in seinem Buch *The Werewolf* (Der Werwolf) anführte, zögerte nicht, diesen und alle anderen MIBs mit dem Teufel aus der christlichen Lehre gleichzusetzen. Und häufig folgt man dieser Interpretation bis heute. Noch immer gibt es Theoretiker, die behaupten, daß UFOs vom Teufel stammen und die MIBs deshalb seine Helfer sein müßten. In den Teilen der Welt, wo die vorherrschende religiöse Lehre von zwei sich bekämpfenden Parteien des Guten und des Bösen ausgeht, wird das Gute meist durch das Licht symbolisiert und das Böse durch die Dunkelheit. Die Vertreter des Guten sind häufig blond und weiß gekleidet, während die Helfer des Bösen dunkles Haar haben und schwarze Kleidung tragen. Man kann reale Gründe für diese „Schwarzweißmalerei" finden. Im Schutz der Dunkelheit lassen sich alle möglichen Tricks ausführen und Verbrechen verüben.

Die Dunkelheit kann auch mit dem Winter assoziiert werden und damit mit dem Tod: In vielen Kulturen werden Totenriten und -zeremonien mit der

Farbe Schwarz in Verbindung gebracht. In welcher Funktion ein MIB auch auftritt – immer ist er eine düstere Gestalt. Er ist ein Schwindler und vertritt mehr die Lüge als die Wahrheit, mehr den Tod als das Leben. Da hier so offensichtliche symbolische Elemente eine Rolle spielen, drängt sich die Vermutung auf, daß die MIBs keine Wesen aus Fleisch und Blut sind, sondern Konstrukte der Phantasie des Wahrnehmenden. Ihre Gestalt stellt demnach ein Ergebnis der Vermischung traditioneller Überlieferungen mit zeitgenössischen Vorstellungen dar. Aber diese Erklärung ist vielleicht zu simpel: Viele Hinweise beziehen sich auf körperliche Wesen, die in der realen Welt auftreten.

Unten: In vielen Kulturen symbolisiert die Farbe Schwarz unheilvolle Elemente. Diese Darstellung des Dämonengottes Kal Bahairab aus dem Hanuman Doka Tempel in Nepal zeigt ihn mit einem gräßlichen Gesicht, sechs Armen und schwarzer Haut. In früheren Zeiten wurden diesem Gott Menschen geopfert.

Auch andere Erklärungen sind möglich. So wird vermutet, daß die heutigen MIBs Vertreter von Regierungsbehörden sind – von den Luftstreitkräften oder einer geheimen Organisation wie der CIA oder dem FBI. Der Durchschnittsamerikaner scheint nicht davon überzeugt zu sein, daß Untersuchungsbehörden wie die CIA notwendigerweise im öffentlichen Interesse handeln. Kurz gesagt: Man traut diesen Behörden alles zu, vom Präsidentenmord bis zur UFO-Verschleierungskampagne. Und so glauben viele, daß die MIBs Bestandteil dieser Kampagne sind und ihre Aufgabe darin besteht, die Fakten zu verbergen. Zu diesem Zweck würden sie Zeugen zum Schweigen bringen und Fotografien und andere Beweismittel für die Existenz von Außerirdischen verschwinden lassen. Der Umstand, daß die Identität einer Vielzahl von MIBs überprüft wurde und man immer wieder herausfand, daß sie nicht die Personen waren, für die sie sich ausgaben, stützt einen derartigen Verdacht, der zu regelrechten Wahnvorstellungen ausarten kann. 1970 schrieb der amerikanische Theoretiker Tony Kimery:

Unten: Richard Baxter, ein Autor des 17. Jahrhunderts, erzählte die Geschichte von einer Londoner Frau – eine „fromme, glaubwürdige Frau" –, die vom Teufel in Gestalt eines großen, schwarzen Mannes zum Selbstmord gedrängt wurde. Das Urbild einer schwarzen Gestalt als Symbol des Bösen ist immer wieder in Legenden zu finden.

„Die mysteriösen MIBs und die ganze Schar ihrer Schläger, Handlanger und hochqualifizierten Geheimdienstoffiziere sind ein Teil des komplexen UFO-Phänomens, das wiederum Bestandteil eines anderen großen und komplexen Phänomens (!) ist. Es ist bekannt, daß sie die gesamte Kontrolle über... politische, finanzielle, religiöse und wissenschaftliche Institutionen übernehmen wollen. Sie – die MIBs – haben eine lange Geschichte, die sich über Jahrhunderte erstreckt. Bis zum heutigen Tag scheint eine massive Konzentration ihrer Kräfte stattgefunden zu haben."

Mysteriöse Ursprünge

Die MIBs werden vielfach als dunkelhäutig beschrieben und sprechen entweder nur ein fehlerhaftes oder ein überkorrektes Englisch, was darauf hindeutet, daß dies nicht ihre Muttersprache ist. Mary Hyre, eine Journalistin aus West Virginia, bemerkte, wie ein seltsamer Besucher einen Kugelschreiber von ihrem Schreibtisch nahm und ihn erstaunt überprüfte, als ob er so etwas noch nie gesehen hätte. Mrs. Ralph Butler, die ein UFO erblickt hatte, erhielt Besuch von einem Mann, der behauptete, ein Major der Luftwaffe zu sein. Mit Erstaunen stellte sie fest, daß ihm amerikanische Lebensmittel völlig fremd waren und sie ihm zeigen mußte, wie man sie ißt. Eigenartig ist, daß anscheinend noch niemand behauptet hat, die MIBs wären Russen.

Wenn Zeugen besondere Merkmale dieser Männer schildern, heißt es oft, sie seien irgendwie „orientalisch" gewesen, hätten Schlitzaugen gehabt; hinter den ausdruckslosen Gesichtern werden häufig „unergründliche" Asiaten vermutet; gelegentlich fehlt ihnen jeglicher Haarschopf. Dahinter kann man natürlich auch jenes Feindbild „gelbe Gefahr" vermuten, das den Westen bis vor kurzer Zeit bestimmte.

Obwohl die Zeugen selten offen zugeben, daß sie ihre Kontakte für Außerirdische halten, hört man dies meist aus ihren Berichten heraus. Eindeutig als Außerirdische hat Albert Bender aus dem US-Staat Connecticut seine Besucher identifiziert. Das war 1953 – zu Beginn der modernen MIB-Welle. Andere MIBs zeigten Verhaltensweisen, die schlußfolgern ließen, daß sie nur für eine begrenzte Zeitspanne funktionierten. Nach einer Weile bestanden sie nämlich darauf, zu gehen oder Tabletten einzunehmen oder Wasser zu trinken, und zeigten verschiedentlich Anzeichen für einen Energieverlust. Wir können tatsächlich nicht ausschließen, daß die MIBs nicht aus Fleisch und Blut (auch nicht aus außerirdischem Fleisch und Blut) sind, auch keine Halluzination oder Illusion, sondern irgend etwas dazwischen. Die Wesen in einem jüngeren französischen Kontaktfall scheinen existiert zu haben, wenn man das Wort „existiert" auf eine andere Lebensform anwenden kann.

Die angebliche Entführung von drei jungen Franzosen im Jahre 1979 fand internationale Beachtung. Natürlich stand die Entführung an sich im Mittelpunkt, doch sie war nur der Beginn einer ganzen Serie von Zwischenfällen, an denen teilweise MIBs beteiligt waren. Jean-Pierre Prévost, einer der drei Entführten, erzählte diese Geschichte:

„In der Nacht von Freitag, dem 7., zu Sonnabend, dem 8. Dezember 1979, hatten sich Franck, Salomon und ich noch bis spät in die Nacht unterhalten, und wir gingen erst zwischen fünf und halb sechs Uhr morgens zu Bett. Um sieben Uhr klingelte es. Salomon und Franck haben das nicht gehört, also ging ich zur Tür. Vor mir standen drei Kerle. Einer von ihnen war mittelgroß, trug sehr gute dunkelgrüne, fast schwarze Kleidung, einen schwarzen Schlips, ein weißes Hemd und eine Weste passend zum Anzug. Er hatte einen kurzen Vollbart, genauso schwarz wie sein Haar. Er sah recht gut aus. Die anderen waren größer als er und auch kräftiger gebaut.

Was jetzt folgt, habe ich der Polizei nicht gesagt – ich habe nur den Besuch gemeldet –, weil wir genug davon haben, für Spinner gehalten zu werden! Aber diese beiden Typen mit dem bärtigen Mann haben nicht wirklich existiert, davon bin ich überzeugt. Erst einmal hatten sie keine richtigen Augen. Das läßt sich sehr schwer erklären: Sie haben mich mit ihren Augen fixiert, aber diese Augen waren nur eine weiße Masse, nichts weiter. Es war schrecklich! Der bärtige Typ fragte mich: ‚Bist du einer von den dreien?' Er wollte wahrscheinlich wissen, ob ich einer von den drei Menschen war, die mit dem Fall von Ciergy-Pontoise zu tun haben. Ich sagte ja, und er fuhr fort: ‚Dann kannst du deinen Gefährten ausrichten, ihr habt bereits zuviel gesagt. Ihr werdet einen Unfall haben, und wenn ihr noch mehr sagt, wird es auch noch schlimmer kommen ...'

Und damit verschwanden sie, aber wie, das kann ich nicht sagen. Den Fahrstuhl haben sie nicht genommen, das hätte ich hören müssen, und auch nicht die Treppe – die Türen knallen fürchterlich. Ich ging zum Fenster. Ich kann Ihnen mit Bestimmtheit sagen, daß wir die ganze Nacht über, zumindest bis fünf Uhr morgens oder auch noch später, einen Ford Capri in Metallicgrün direkt unter unserem Fenster haben stehen sehen, ein Auto, das wir nicht kannten. Als ich dann hinunter sah, fuhr dieser Ford gerade los. Wie sind sie da hineingekommen, ohne den Lift oder die Treppen zu nehmen? Das ist mir vollkommen schleierhaft. Ich weckte Franck und Salomon, und wir gingen zur Polizei, ohne ihnen aber die unglaublichen Einzelheiten über die beiden Typen mitzuteilen. Die Polizei sagte: ‚Solange Sie nicht wirklich angegriffen oder verletzt wurden, gibt es nichts, was wir tun können. Also, gehen Sie nach Hause.' Und das war's dann eben."

Kräfte des Bösen

Jean-Pierre berichtete den Ermittlern, daß er die drei Männer später noch mehrmals gesehen hatte, auf der Straße und auf dem Markt. Einmal erhielt er eine erneute Warnung, als er gerade in einem Tabakladen Zigaretten kaufte. Unter Drohungen wurde er aufgefordert, zukünftig über die Erlebnisse zu schweigen.

Später gab Jean-Pierre unter Hypnose zu verstehen, daß die Wesen keine Außerirdischen, sondern Innerirdische wären, Kräfte des Bösen, die aus dem Innern der Erde stammten. Er fügte interessanterweise hinzu, daß der bärtige Mann „echt" war, seine beiden Gefolgsleute aber „unecht".

Fälle wie diese geben durch ihre fehlende Logik Rätsel auf. Eines jedoch scheint sicher zu sein: Genauso wie die Besuche der MIBs ihren Ursprung in einer paranormalen oder gedanklichen Verbindung zwischen den MIBs und dem Zeugen zu haben scheinen, hängen die Konsequenzen des Besuches weniger von den MIBs als von der Haltung ab, die der Zeuge einnimmt. Glaubt der Zeuge ihren Drohungen, dann befindet er sich auf dem besten Weg zu einem Zusammenbruch. Wahnvorstellungen können sich einstellen; er fühlt sich womöglich überall verfolgt, belästigt von übersinnlichen Ereignissen wie seltsamen Telefonanrufen und Poltergeisterlebnissen. Anders scheint es sich zu verhalten, wenn die betreffende Person nicht auf die MIBs hört. Dann kann es geschehen, daß sie ungestört weiter über ihre Erlebnisse berichten kann, wie das bei Carlos de los Santos der Fall war. Er wurde auf dem Weg zu einem Fernsehinterview über ungewöhnliche Erlebnisse von einer Bande übler, ihn bedrohender Gestalten aufgehalten und war in diesem Augenblick verständlicherweise verängstigt. Er fuhr nach Hause zurück und sagte das Interview ab. Ein Freund ermutigte ihn jedoch, und zwei Wochen später gab er das Interview. Daraufhin hörte er nie wieder etwas von den MIBs!

Das Phänomen der MIBs verdient eindeutig eine genaue Untersuchung. Wer oder was immer die MIBs auch sind, sie üben eine relativ große Macht über das Bewußtsein ihrer Opfer aus. Je besser wir sie verstehen, desto mehr könnten wir über die Funktionsweise der Macht lernen. Darüber hinaus erhält das MIB-Phänomen als Studienobjekt seine Bedeutung, weil es etwas über die Entstehung einer Legende mitteilt. Tatsächlich sind die MIBs moderne Phänomene, die man in einem Atemzug mit den Hexen, den Vampiren und den Werwölfen längst vergangener Zeiten nennen könnte.

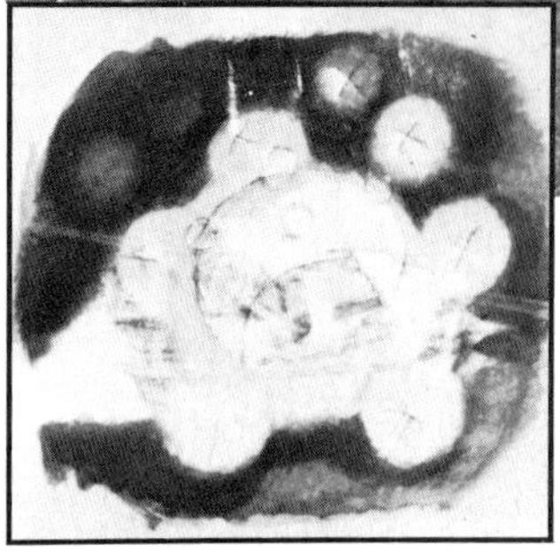

Ganz oben: Die drei jungen Franzosen Salomon N'Diaye, Jean-Pierre Prévost und Franck Fontaine (von links nach rechts) waren in einem bekanntgewordenen Fall Opfer einer angeblichen UFO-Entführung. Prévost erhielt später bedrohliche Besuche von MIBs.

Oben: Zeichnung der UFO-Entführung nach den Angaben der Betroffenen.

"IN MEINEN AKTEN FINDEN SICH HUNDERTE VON FÄLLEN ..., IN DENEN JUNGE MÄNNER UND FRAUEN MIT LEIDENSCHAFTLICHEM INTERESSE FÜR UFOS VON DIESEN GESTALTEN EINSCHÜCHTERNDE BESUCHE ERHIELTEN ..."

John A. Keel, UFOs – Operation Trojan Horse

(Unternehmen Trojanisches Pferd)

GEHEIMNISVOLLE FLIEGENDE MASCHINEN

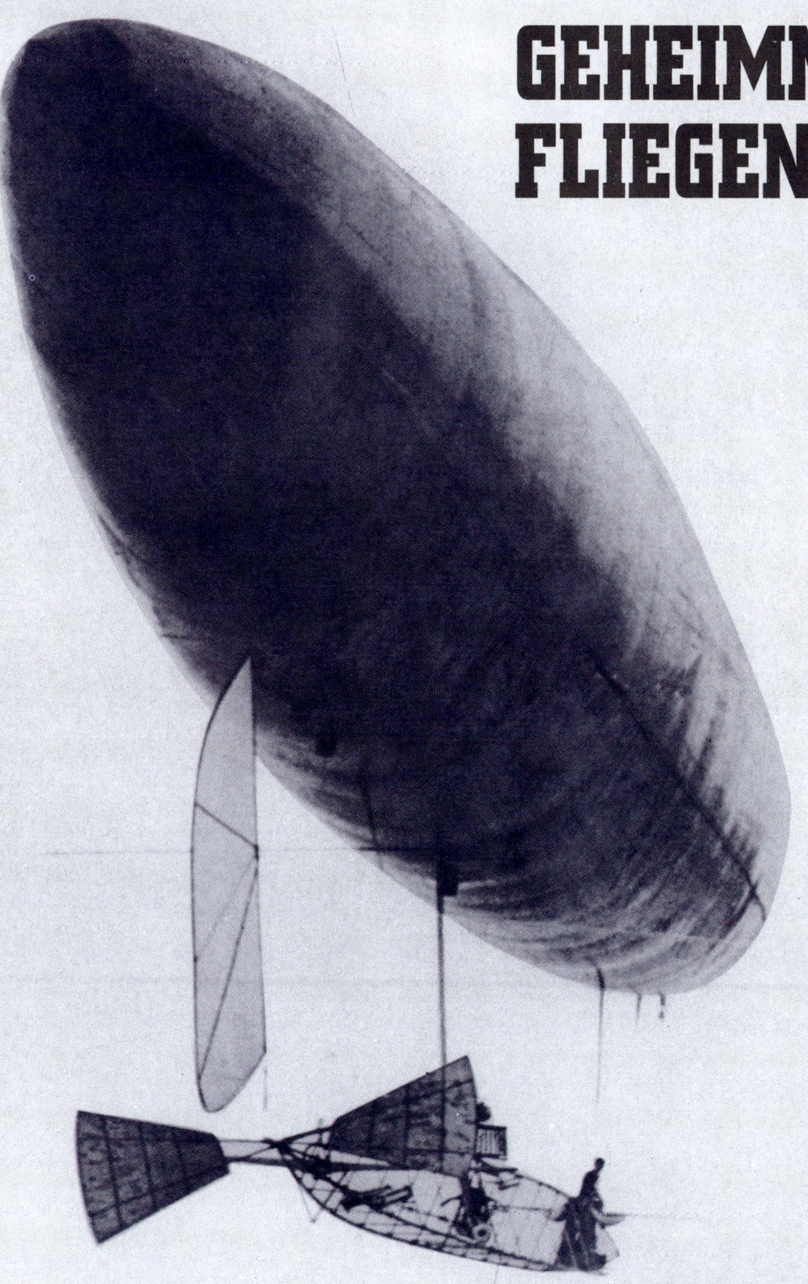

In den 90er Jahren des vorigen Jahrhunderts wurden häufig merkwürdige Luftschiffe gesichtet. Handelte es sich dabei um außerirdische Fluggeräte oder um Konstruktionen von Ingenieuren, die der Luftfahrt ihrer Zeit weit voraus waren?

Für nicht identifizierte fliegende Objekte existieren die verschiedensten Erklärungen. Unsere frühen Vorfahren glaubten in ihnen übernatürliche Besucher oder Omen von göttlicher oder dämonischer Herkunft zu erkennen. In unserem Zeitalter der Technik werden sie manchmal für Raumschiffe von weit entfernt lebenden Zivilisationen gehalten, für die Verkehrsmittel von Zeitreisenden oder Abgesandten von Bewohnern aus dem Inneren der Erde. Eine Reihe von Skeptikern, die solche Theorien für nicht beweisbar halten, spekulieren, daß die UFOs „Gedankenbilder" der Beobachter sein könnten oder aber auch das Ergebnis von gezielten Bewußtseinsmanipulationen sind. Einige Kritiker aus der Wissenschaft bestehen inzwischen darauf, daß es sich dabei um falsch interpretierte natürliche Erscheinungen oder um konventionelle Fluggeräte handelt. Kommentare von Militärsprechern schließen allerdings immer wieder die Möglichkeit aus, daß es sich um Fluggeräte mit bemerkenswerten Fähigkeiten handeln könnte, die man vor der Öffentlichkeit versteckt halten möchte.

Die vermeintlichen Sichtungen von UFOs in früheren Zeiten mögen durchaus auf Naturerscheinungen zurückzuführen sein. Kometen, Sternschnuppen, nächtlich leuchtende Wolken, Kugelblitze, Luftspiegelungen und so weiter dürften die technisch noch nicht so fortgeschrittenen Generationen verblüfft und in Schrecken versetzt haben. Die jüngste Welle von Sichtungen „fliegender Untertassen" wird auf einen ganz anderen Aspekt zurückgeführt. Diese Theorien gehen davon aus, daß die fliegenden Maschinen rein irdische Ursprünge haben.

Die ersten UFO-Sichtungen, die sich so erklären ließen, waren die „geheimnisvollen Luftschiffe", die zwischen November 1896 und Mai 1897 in den Vereinigten Staaten von Tausenden von Menschen bezeugt wurden. Damals waren die europäischen Erfinder ihren amerikanischen Kollegen bei Experimental-Luftschiffen weit voraus. Doch weder den Franzosen noch den Deutschen war es bis dahin gelungen, ein wirklich steuerbares Luftfahrzeug zu konstruieren. Seit 1892 beschäftigte sich Ferdinand Graf Zeppelin mit dem Bau eines Luftschiffes, und am 2. Juli 1900 erfolgte der erste Start bei Friedrichshafen. Somit gibt es keine Erklärung für die geheimnisvollen Luftschiffe von 1896 und 1897.

Bezeichnenderweise wurden alle geheimnisvollen Fluggeräte als zylindrisch oder zigarrenförmig

***Oben:** Dieses flexible Luftschiff wurde um die Jahrhundertwende von Santos-Dumont aus Frankreich gebaut. In den USA war offiziell nichts von solchen weitentwickelten Maschinen bekannt.*

***Rechts:** In einer Lokalzeitung wurde dieses fliegende Objekt, das 1896 über Kalifornien gesehen wurde, dargestellt. Zeugen beschrieben einen dunklen Körper über einem strahlenden Licht, der anscheinend abwärts schwebte.*

mit Propellerantrieb beschrieben. Auch weitere Detailbeschreibungen stimmten mit den später konstruierten Luftschiffen überein. Auch schienen sie von Menschen und nicht von extraterrestrischen Wesen gesteuert worden zu sein. Viele Zeugen gaben an, daß sie mit der Besatzung gesprochen haben, die öfter um Wasser für ihre Maschinen gebeten hat.

Auf einer grünen Wiese

Die sicherlich beeindruckendsten Fälle betreffen einen Mann, der sich selbst Wilson nannte. Die *Houston Post* vom 21. April 1897 veröffentlichte eine Meldung zu einem Zwischenfall, der sich zwei Tage zuvor in Beaumont, Texas, zugetragen hatte. Der dortige Vertreter der Magnoliabrauerei, J.B. Ligon, und sein Sohn bemerkten auf einer benachbarten Weide in einer Entfernung von ein paar hundert Metern merkwürdige Lichter. Sie gingen darauf zu und stießen auf vier Männer, die neben einem „großen, dunklen Objekt" standen, das keiner der Zeugen deutlich erkennen konnte. Einer der Männer bat Ligon um einen Eimer Wasser. Ligon kam der Bitte nach, und der Mann stellte sich ihm als Wilson vor. Er erzählte Ligon, daß er und seine Mannschaft mit einer fliegenden Maschine unterwegs wären, daß sie einen Ausflug „hinaus über den Golf" unternommen hätten und jetzt wieder auf dem Rückweg in die „ruhige Stadt in Iowa" wären. Dort sollen insgesamt fünf Luftschiffe gebaut worden sein. Wilson erläuterte, daß die Flügel des Luftschiffes durch Elektrizität angetrieben würden. Dann bestieg er mit seinen Freunden die Passagiergondel und flog davon.

Am nächsten Tag, dem 20. April, bemerkte Sheriff H.W. Baylor aus Uvalde, ebenfalls Texas, ein seltsames Licht und Stimmen hinter seinem Haus. Als er nachschaute, traf er auf ein Luftschiff und drei Männer. Wieder gab sich ein Mann als Wilson zu erkennen und erzählte, er käme aus Goshen im Staat New York. Danach erkundigte sich Wilson nach dem ehemaligen Sheriff von Zavalia County, C.C. Akers, und erklärte, daß er ihn 1877 in Fort Worth getroffen hätte und ihn jetzt gerne wiedersehen wollte. Überrascht antwortete Sheriff Baylor, daß Akers mittlerweile in Eagle Pass, 96 Kilometer weiter südwestlich, zu finden sei. Wilson war sichtlich enttäuscht und bat Sheriff Baylor, ihn von ihm bei nächster Gelegenheit zu grüßen. Anschließend erbat sich die Besatzung Wasser für die Flugmaschine und ersuchte ihn, Stillschweigen über ihren Besuch zu bewahren. Daraufhin nahmen sie wieder ihre Plätze im Luftschiff ein und setzten die großen Flügel und Propeller in Gang und entfernten sich schnell nordwärts in Richtung San Angelo. Auch ein Verwaltungsbeamter des Bezirks bestätigte, das geheimnisvolle Luftschiff gesehen zu haben.

Zwei Tage später wurde der Farmer Frank Nichols in Josserand, Texas, von einem surrenden Geräusch aus dem Schlaf gerissen. Er blickte zum Fenster hinaus und sah in seinem Maisfeld, „wie aus einem

***Ganz oben:** Im Jahre 1900 galt das Luftschiff als die Flugmaschine der Zukunft. In dieser Illustration stellt sich der Künstler ein fliegendes Panzerschiff des Jahres 2000 vor, das an einem recht ungeschützten gasgefüllten Körper hängt und gegen Flugzeuge und Seeschiffe kämpft.*

***Oben:** Dies ist eine der Konstruktionen von Samuel Pierpont Langley für ein unbemanntes Flugzeug, angetrieben von einem leichten Benzinmotor. Mit einigen seiner kleineren Versuchsflugzeuge hatte er Erfolg, zwei Prototypen in Originalgröße stürzten jedoch 1903 ab.*

massigen Luftschiff von merkwürdigen Ausmaßen glänzende Lichter fluteten". Nichols ging aus dem Haus, um sich das Ganze aus der Nähe anzusehen. Doch noch ehe er das Objekt erreichte, traten zwei Männer auf ihn zu und suchten um Wasser aus seinem Brunnen nach. Nichols hatte nichts dagegen, und die Männer luden ihn ein, ihr Luftschiff zu besichtigen. Er sagte, es müßten sechs oder acht Mann an Bord gewesen sein. Einer erzählte ihm, daß das Schiff durch sehr starken elektrischen Strom angetrieben werde und daß es eines von fünf Schiffen sei, die kürzlich mit Unterstützung eines großen New Yorker Unternehmens in einer Kleinstadt in Iowa gebaut worden sind.

Am folgenden Tag, dem 23. April, bezeugten zwei „verantwortungsbewußte Männer", wie die *Houston Post* sie beschrieb, daß in ihrer Heimat, in Kountze, Texas, ein Luftschiff gelandet wäre und zwei Besatzungsmitglieder sich als Jackson und Wilson vorgestellt hätten.

Am 27. April druckte die *Galveston Daily News* einen Leserbrief von C. C. Akers ab, der vorgab, wirklich einen Mann namens Wilson in Fort Worth gekannt zu haben. Dieser Wilson sei aus New York, wäre ein „technisches Talent und beschäftigte sich damals mit der Luftfahrt und einer Sache, die die Welt in Erstaunen versetzen würde".

Oben: Der deutsche Ingenieur Otto Lilienthal war der erste, der ein steuerbares Fluggerät erfolgreich baute und auch flog. Die Lenkung erfolgte über Verlagerung seines frei hängenden Körpers und der Beine von einer Seite zur anderen. Obwohl er 1896 bei einem Absturz ums Leben kam, inspirierten seine Versuche andere Pioniere der Luftfahrt, so auch die Gebrüder Wright.

Landung in Deadwood

Später meldete die *Houston Post*, daß in Deadwood, Texas, der Farmer H. C. Lagrone gehört hätte, daß sein Pferd plötzlich unruhig wurde, als ob es durchgehen wollte. Als er hinausging, erblickte er ein strahlendes weißes Licht, das die nahegelegenen Felder umkreiste und das gesamte Gebiet erhellte, bevor es schließlich niederschwebte und in einem der Felder landete. Lagrone lief zu der Stelle und traf fünf Personen, von denen sich drei mit ihm unterhielten, während die anderen Wasser in Eimern heranschafften. Die Männer erzählten Lagrone, daß ihr Fluggerät eines von fünf Schiffen wäre, die in letzter Zeit im Land umhergeflogen sind. Ihr Luftschiff sei auch in Beaumont gelandet, und alle Schiffe wären in einer Binnenstadt im Bundesstaat Illinois (der an Iowa grenzt) gebaut worden. Mehr wollten sie nicht dazu sagen, um das Patent nicht zu gefährden.

Im Mai 1897 hörten diese geheimnisvollen Begegnungen mit Luftschiffen auf. Was aber hatten sie zu bedeuten? Bestand wirklich die Möglichkeit, daß ein mächtiges Unternehmen in New York ein Luftschiffprogramm finanziert hatte und die ersten Maschinen dann heimlich in der Abgeschiedenheit von Iowa oder Illinois gebaut wurden? Dies scheint gar nicht so abwegig. Gegen Ende des 19. Jahrhunderts meldeten eine ganze Reihe von Erfindern Luftschiffpatente an, jedoch wurden viele Pläne aus Angst vor einem möglichen Diebstahl oder einer Nachah-

FALL Sammlung

EINE WELLE VON UFO-SICHTUNGEN

In Amerika nahmen die Sichtungen von geheimnisvollen Luftschiffen im November 1896 ihren Anfang, als Bürger von Sacramento, Kalifornien, sahen, wie sich ein Lichtfleck durch den nächtlichen Himmel bewegte. Im Verlauf des Monats häuften sich solche Beobachtungen in ganz Kalifornien. Einige wenige stammten auch aus dem Bundesstaat Washington und aus Kanada. Manchmal konnte man ein dunkles Objekt als Quelle des Lichtes ausmachen, das einmal wie eine Zigarre, dann wieder wie ein Faß oder auch ein Ei ausgesehen haben soll. Das Luftschiff bewegte sich langsam wellenförmig vorwärts, so daß man auf ein vom Wind getriebenes Fluggerät schloß. In einigen Zeitungen spekulierte man, welche bekannten Techniker dafür verantwortlich sein könnten. Andere vermuteten außerirdische Besucher hinter diesen Erscheinungen. Ab und zu wurden auch Luftschiffe am Boden erblickt. In einem Fall sahen zwei Methodisten-Pfarrer ein glühendes Objekt, das startete, als sie sich näherten. Angeblich versuchten drei seltsame, sehr große und glatzköpfige Wesen auf einer Landstraße zwei Männer zu entführen. Sie flohen in einem zigarrenförmigen Luftschiff.

Nach einer zweimonatigen Pause wurden überall in den Vereinigten Staaten und in Kanada eine Vielzahl von UFOs gesichtet. So erzählte ein Bürger aus Michigan, daß ihn eine Stimme aus den Wolken um vier Dutzend Eier-Sandwiches und eine Kanne Kaffee bat, die in einem Eimer zum unsichtbaren Fluggerät gezogen wurden. Ein Zeuge beteuerte sogar, ein landendes Schiff gesehen zu haben, dessen Besatzung ein orientalisches Aussehen gehabt haben soll.

Mitte 1897 ebbte die UFO-Welle ab. Gegen Ende des Jahres gab es noch vereinzelt Berichte, besonders aus Schweden, Norwegen und Rußland. So sah ein Ingenieur im September 1897 nahe der russischen Stadt Ustjug eine Art Ballon, der hell glänzte.

mung streng geheimgehalten. Von daher spricht einiges für die Möglichkeit, daß Wilson tatsächlich funktionstüchtige Luftschiffe erfunden haben könnte. Vor hundert Jahren war die Erforschung der Aerodynamik schon relativ weit fortgeschritten. Dies galt besonders für Massachusetts (wo zahlreiche geheimnisvolle Luftschiffe gesichtet wurden) und für New York, woher Wilson angeblich stammte. Am „Massachusetts Institute of Technology" (MIT) wurde eine Fülle von inoffiziellen Kursen zum Antrieb und zum Verhalten von Flüssigkeiten in bezug auf die Aerodynamik durchgeführt. Darüber hinaus hatten 1896 Lehrer und Studenten am MIT sogar einen Windkanal gebaut und führten praktische Versuche zur Aerodynamik durch. Ein Mann wie Wilson hätte sicher an diesen Kursen teilnehmen und dann zur „Cornell University" nach Ithaca, New York, gehen können, um sich die erforderlichen Kenntnisse anzueignen.

Oben: Der von den Gebrüdern Wright gebaute „Flyer" (Flieger) startet zu seinem ersten kurzen Flug und leitet ein neues Zeitalter ein. Am 17. Dezember 1903 erfolgten die ersten vier durchgängigen und gesteuerten Motorflüge. Wäre es aber möglich, daß heimlich arbeitende Erfinder den Wrights zuvorgekommen waren und für die früheren Sichtungen von Luftschiffen verantwortlich sind?

Rechts: Das Flugzeug Blériot XI von Louis Blériot überfliegt die Klippen bei Dover am Ende der preisgekrönten Überquerung des Ärmelkanals am 25. Juli 1909.

Luftfahrtpioniere in der Öffentlichkeit

Der weltberühmte Ingenieur Octave Chanute beteiligte sich 1897 und 1898 an einer Vorlesungsreihe über Aerodynamik an der „Cornell University". 1896 hatte er die bemannten Gleitflugexperimente des deutschen Ingenieurs Otto Lilienthal erfolgreich wiederholt. Die Kurse an der Universität behandelten Experimentaltechnik, Maschinentechnik und Elektrotechnik sowie die Konstruktion und den Bau von Maschinen. Zu den Texten der Aeronautik gehörten die *Experiments in Aerodynamics* (Experimente zur Aerodynamik) vom „Smithsonian Institute", Sir Hiram Maxims Berichte zu seinen Versuchen mit Motoren, Propellern und Fluggeräten und das *Aeronautical Annual* (Jahrbuch der Aeronautik), welches die neuesten Beiträge der damals führenden Aeronautiker enthielt.

1896 hatten bereits die ersten erfolgreichen Flüge von S. P. Langley in Washington, D. C., stattgefunden, und im folgenden Jahr wurden zahlreiche Patente für weitere fliegende Maschinen registriert. Überhaupt erreichten in diesen Jahren die wissenschaftlichen Fortschritte ein erstaunliches Ausmaß und bildeten die entscheidende Grundlage für weiterführende aeronautische Experimente. Es spricht also einiges dafür, daß die gehäuften Begegnungen mit Luftschiffen und deren Besatzungen durch eine gelungene Konstruktion enthusiastischer Wissenschaftler erklärt werden kann. Von dem mysteriösen Mr. Wilson wurde jedoch nie wieder etwas gehört.

Das folgende Jahr brachte weitere bemerkenswerte Neuerungen auf dem Gebiet der Luftfahrt. 1901 gelang es dem Brasilianer Alberto Santos-Dumont, mit einem Luftschiff von St.-Cloud, am westlichen Rand von Paris, in weniger als 30 Minuten bis zum Eiffelturm und zurück zu fliegen. Zwei Jahre danach starteten die Gebrüder Wright in Kitty Hawk, North Carolina, zum ersten bekannten Schwerer-als-Luft-Flug. 1906 hatte der Amerikaner Robert Goddard ein aufregendes Raketenexperiment begonnen, und am letzten Dezembertag im Jahre 1908 legte Wilbur Smith in nur 2 Stunden und 30 Minuten 123 Kilometer im Flug zurück. Sieben Monate später überflog der französische Pilot Louis Blériot erstmals den Ärmelkanal.

Diese Leistungen wurden in der Presse ausführlich besprochen. Doch ist es durchaus möglich, daß ohne Wissen der Öffentlichkeit noch größere Fortschritte erzielt wurden. Die zahlreichen UFO-Sichtungen und das schnelle Entwicklungstempo der Technik dieser Zeit sprechen dafür. Im Jahre 1904 sagte der Leutnant der amerikanischen Marine und spätere Oberkommandierende der US-Pazifikflotte Frank H. Schofield offiziell aus, daß er vom Deck seines Schiffes aus drei strahlende Lichter gesehen hatte, die in Staffelformation flogen. Sie blieben oberhalb der Wolken und stiegen höher, bevor sie verschwanden. 1909 wurden zahlreiche, nicht identifizierte Flugobjekte über Massachusetts erblickt. Am 30. August 1919, gegen 9 Uhr abends, überflog ein langes, schwarzes Objekt in niedriger Höhe Madison Square Gardens in New York City. Es wurde von mehreren hundert Menschen gesehen. Woher das Objekt kam und was es eigentlich war, blieb offen.

In Skandinavien kam es 1933 und 1934 zu einer Welle von UFO-Sichtungen. Die oft sehr genauen Beschreibungen der „Geisterflugzeuge" enthielten zum Teil technische Details, die von der damaligen Flugzeugtechnik noch nicht hätten entwickelt werden können. Man beschrieb sie als Eindecker von zumeist grauer Farbe. Manchmal gelang es auch, die Besatzung für kurze Zeit zu erspähen. Oft wurden die Motoren abgestellt, und das Flugzeug segelte weite Strecken, bis sie wieder gestartet wurden, eine damals kaum mögliche Leistung für ein konventionelles Flugzeug.

Eindringlinge aus der Luft

1934 begann die schwedische Luftwaffe die abgelegenen Gegenden, in denen die Flugobjekte beobachtet worden waren, systematisch abzusuchen. An der Aktion waren insgesamt 24 Flugzeuge beteiligt. Von den geheimnisvollen Fluggeräten, von deren Startplätzen oder Treibstoffbasen fand man jedoch keinerlei Spuren. Im April 1934 gab ein hochrangiger schwedischer Offizier in einer Presseerklärung bekannt:

„Ein Vergleich dieser Berichte läßt keinen Zweifel an einem illegalen Luftverkehr über unsere geheimen militärischen Gebiete zu ... In jedem Fall ist die gleiche Feststellung getroffen worden: An der Maschine waren keine Abzeichen oder Identifikationszeichen erkennbar ... Man kann das Ganze nicht einfach als Einbildung abtun. Die Frage bleibt: Wer sind sie? Und warum sind sie in unseren Luftraum eingedrungen?"

Die gleichen Fragen hat man sich dann auch in Norwegen und Finnland gestellt, wo es angeblich zu ähnlichen Vorfällen kam. Aber auch diese konnten nicht zufriedenstellend beantwortet werden, so daß die Herkunft und Absicht dieser „Geisterflugzeuge" weiterhin ein Geheimnis blieb.

Die Luftfahrttechnik konnte in kurzer Zeit immer neue revolutionäre Entwicklungen feiern. Zwischen den ersten simplen Experimenten in den Windkanälen von Massachusetts und der hochkomplizierten Raketenforschung in Peenemünde, an Deutschlands Ostseeküste, lagen gerade vierzig Jahre. Wenn man bedenkt, daß nur ein Bruchteil der militärisch relevanten wissenschaftlichen Ergebnisse der Öffentlichkeit bekannt wird, so liegt es im Bereich des Möglichen, daß die Geheimforschung in Amerika und Europa zur Konstruktion von Maschinen geführt hatte, die weitaus leistungsstärker und von der Formgebung her unkonventioneller waren als die, welche man offiziell in den Dienst stellte. Seit dem Ersten Weltkrieg wurde die technische Forschung immer häufiger von Regierungen finanziert und kontrolliert, um den militärischen Standard weiter ausbauen zu können. Es bleibt also zu klären, ob die Möglichkeit besteht, daß Bürger der USA und bestimmter europäischer Staaten Zeuge von geheimen aeronautischen Experimenten wurden, die ihre eigene Führung organisierte.

Der Zweite Weltkrieg beschleunigte die Entwicklung in der Luftfahrt erneut. Düsenflugzeuge, radargestützte Navigation und Ortung, ballistische Raketen und Bomber von nie gekannter Größe wurden von den kriegsführenden Mächten entwickelt, erprobt und eingesetzt. Alliierte Bomberpiloten haben bei ihren Einsätzen im umkämpften Luftraum über Deutschland geheimnisvolle Lichtkugeln beobachtet, die als Foo-fighter bekannt wurden.

Unten: Nur 40 Jahre nach dem ersten Flug der Gebrüder Wright plante das nationalsozialistische Regime in Deutschland ballistische Langstreckenraketen zum Einsatz gegen Städte. Dieses Foto zeigt drei Experimentalraketen V-2 auf ihren Schleppern im Forschungszentrum Peenemünde.

PANIK IN TEXAS

Bei einer entsetzlichen Begegnung mit einem seltsamen Flugobjekt auf einer einsamen Landstraße trugen drei Menschen aus Texas schwere Verletzungen davon.

In einer kalten Winternacht im Dezember 1980 fuhren zwei Frauen und ein kleiner Junge mit ihrem Wagen auf einer einsamen texanischen Landstraße. Es war kurz nach Weihnachten, und sie waren alle in bester Stimmung. Plötzlich erschien vor ihnen am Himmel ein gleißend helles Licht. Wenige Minuten später verwandelte es sich in ein riesiges, rautenförmiges Objekt, aus dessen Unterseite Flammen hervorschossen. Es schien auf der Straße landen zu wollen, so daß das Auto unmöglich weiterfahren konnte.

Die drei Insassen waren starr vor Entsetzen – die Hitze, die das Objekt ausstrahlte, verbrannte ihnen regelrecht die Haut, und die gleißende Helligkeit stach schmerzhaft in die Augen. Als das merkwürdige Leuchtobjekt endlich abhob und verschwand, wurde es von einem ganzen Geschwader von Hubschraubern mit ohrenbetäubendem Lärm verfolgt. Waren die beiden Frauen und der Junge in einen „Krieg der Sterne" geraten?

Sehen wir uns den Fall genauer an: Am Nachmittag waren Betty Cash sowie Vicky und Colby Landrum auf der Suche nach einer Bingo-Halle durch einige kleine Städte in der Umgebung ihrer Heimatstadt Dayton gefahren, mußten aber zu ihrer Enttäuschung feststellen, daß alle Clubs wegen der Vorbe-

Unten: „Ein brennender Diamant" – so beschrieb eine der Augenzeuginnen das riesige Flugobjekt, das direkt über der Straße schwebte und ihrem Auto den Weg versperrte. In der Mitte reihten sich mehrere Lichtpunkte aneinander, und die gebündelten Flammen an der Unterseite drohten, den umliegenden Wald in Brand zu setzen. Diese zeichnerische Darstellung basiert auf der Aussage einer Zeugin.

reitungen auf die Neujahrsfeier geschlossen waren. So hatten sie in einem Restaurant in New Caney gemütlich zu Abend gegessen. Auf dem Nachhauseweg geschah dann das Furchtbare. Betty Cash, eine 51jährige Geschäftsfrau, die ein Restaurant und einen Lebensmittelladen betrieb, saß am Steuer. Etwa ein Jahr zuvor hatte sie sich einer Herzoperation unterzogen, von der sie sich vollständig erholt hatte. In dieser schrecklichen Stunde sollte sie jedoch körperliche Verletzungen davontragen, die diesen chirurgischen Eingriff an Schwere noch übertrafen.

Vicky Landrum war damals 57 Jahre alt, eine freundliche, arbeitsame Frau, die in Bettys Restaurant angestellt war. Sie war überzeugte Christin und glaubte weder an UFOs noch an außerirdische Wesen. Als sie das helle Licht sah, dachte sie viel mehr, daß nun der Jüngste Tag bevorstünde. Da sie erwartete, der Heiland würde aus der Lichtwolke hervortreten, schaute sie besonders aufmerksam hin. Ihre Hoffnung erfüllte sich jedoch nicht – dafür trug sie einen schweren Augenschaden davon.

Ihr Enkel Colby war ein aufgeweckter siebenjähriger Junge, der schon mehrere Sportpokale gewonnen hatte. Auch er erlitt bei dieser schrecklichen Begegnung schwere körperliche und seelische Schäden. Allerdings war kaum zu sagen, was dem Jungen mehr zugesetzt hatte – der Anblick des UFOs oder das ohrenbetäubende Dröhnen der Hubschrauber.

Es war ein feuchter, wolkenverhangener Tag gewesen. In Huffmann, Texas, hatte es dreimal leicht geregnet, aber nachts hatte der Regen aufgehört, und der Himmel war fast wolkenfrei. Das Mondlicht sowie die Lichter der Umgebung boten gute Sichtverhältnisse.

Als sie das Restaurant um etwa 20.30 Uhr verließen, fuhren sie zunächst die einsame Landstraße 1285 entlang. Eine halbe Stunde später entdeckten die drei in etwa fünf Kilometer Entfernung das gleißend helle UFO über den Baumwipfeln. Der kleine Colby hatte es als erster erspäht. Als sie bemerkten, daß es immer näher kam, fuhr ihnen die Angst in die Glieder. Sie hofften allerdings, noch rechtzeitig daran vorbeizukommen, und beschleunigten. Aber das merkwürdige Objekt war schneller und versperrte ihnen die Durchfahrt, indem es direkt über der Straße schwebte.

„Halt an, oder wir werden bei lebendigem Leib verbrennen!" schrie Vicky. Mit dieser Warnung hatte sie vermutlich nicht unrecht. Das rätselhafte Objekt war um ein Vielfaches größer als das Auto und befand sich nun auf der Höhe der Baumwipfel. Von Zeit zu Zeit ließ es nach unten einen kräftigen Feuerstrahl ab, ähnlich einem Raketentriebwerk. Zwischendurch sackte es etwa acht Meter abwärts, um sich dann beim nächsten Feuerstoß wie ein riesiges Raumschiff aus einem Science-fiction-Film wieder nach oben zu bewegen. Nach Vickys lebendigen Schilderungen sah das Objekt aus „wie ein brennender Diamant".

Als Betty das Auto schließlich anhielt, waren sie nur noch etwa 60 Meter von dem seltsamen Objekt entfernt. Es schien aus Aluminium zu bestehen und glänzte so stark, daß es den Wald ringsherum taghell erleuchtete. Die vier Ecken waren abgerundet, und in der Mitte der seltsamen Objekts verlief ein Band aus blauen Punkten oder Kreisen. Außer den periodischen Feuerstrahlen sendete das UFO von Zeit zu Zeit Piepstöne aus.

Ob Betty den Motor abstellte oder ob er von selbst abstarb, ist unklar. Jedenfalls stiegen die drei aus dem Auto, um sich das seltsame Ding genauer zu betrachten. Colby fürchtete sich aber, und so brachte ihn seine Großmutter wieder ins Auto, wo sie ihm versicherte, daß er keine Angst zu haben brauche – sie ging davon aus, daß nun gleich der Heiland erscheinen werde. Betty jedoch wollte noch nicht ins Auto einsteigen. Sie war so fasziniert von dem UFO, daß sie das gleißende Objekt minutenlang wie versteinert anstarrte, obwohl sie sich dabei schwer die Haut versengte. Selbst die Haut unter ihrem Ring war verbrannt.

***Oben:** Auf dieser einsamen, Landstraße begegneten Betty Cash, Vicky Landrum und der kleine Colby dem UFO.*

***Unten:** In dieser Karte ist der Huffmann-Bezirk eingezeichnet, wo sich der schreckliche Vorfall ereignete. Die drei Opfer hatten noch eine halbe Stunde vorher in New Caney gemütlich zu Abend gegessen und befanden sich auf dem Heimweg nach Dayton, als vor ihnen plötzlich das UFO auftauchte.*

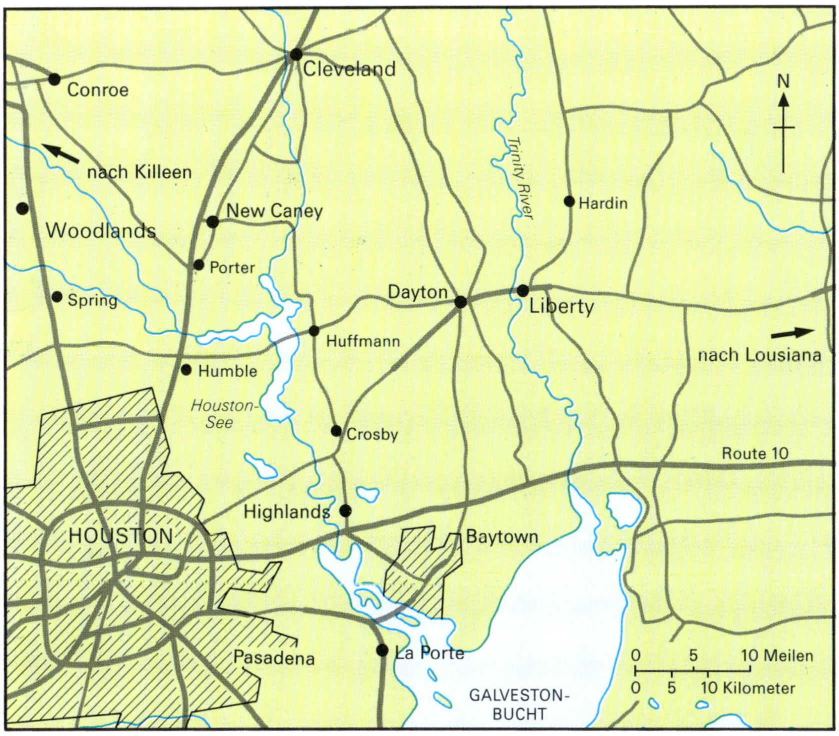

Als das UFO endlich abhob, tauchten am Himmel plötzlich zahlreiche Hubschrauber auf. Innerhalb weniger Sekunden war das seltsame Objekt hinter den Bäumen verschwunden. Erst jetzt bemerkten die drei, daß sich das Auto während der unheimlichen Begegnung enorm aufgeheizt hatte. Als sich ihre Augen wieder an die Dunkelheit gewöhnt hatten, ließ Betty den Motor an und fuhr mit hoher Geschwindigkeit davon. Nach etwa zwei Kilometer kurvenreicher Straße kamen sie auf eine größere Straße, die in dieselbe Richtung führte, in die das merkwürdige Objekt etwa fünf Minuten vorher abgedreht war. Es war noch deutlich sichtbar und glich jetzt einem länglichen Leuchtzylinder.

Seltsame Hubschrauber

Zu diesem Zeitpunkt wimmelte es am Himmel von Hubschraubern. Einige befanden sich in der Nähe des UFOs, wobei sie sich allem Anschein nach höchst unregelmäßig fortbewegten. Die anderen folgten in einer geradlinigen Formation nach. Einmal flog einer der Hubschrauber direkt über dem Auto und hüllte die Insassen in ohrenbetäubendes Motorengedröhn. Von ihrer Position aus konnten sie 23 Hubschrauber zählen. Es waren größtenteils schwere, vierrädrige Doppelrotor-Hubschrauber (später stellte sich heraus, daß es sich um CH-47 Chinooks gehandelt hatte, die von der Tochtergesellschaft Vertol des Unternehmens Boeing gebaut werden). Die übrigen Hubschrauber waren kleiner und wendiger und hatten nur einen Rotor. Sie wurden niemals eindeutig identifiziert, schienen aber vom Typ Bell Huey zu sein.

Sobald sich das UFO und die Hubschrauber in sicherer Entfernung befanden, fuhr Betty langsam weiter. An der nächsten Kreuzung bog sie ab nach Dayton, wo die drei wohnten. Insgesamt waren sie etwa 20 Minuten, vielleicht auch länger, dem UFO und den lärmenden Hubschraubern ausgesetzt gewesen.

Oben: Die Augenzeugen bemerkten am Himmel eine Menge kleiner, einrotoriger Hubschrauber – hier ein ähnlicher Typ bei einer militärischen Übung.

Oben: Mehrere Augenzeugen beobachteten zur fraglichen Zeit ganze Geschwader dieser schweren, doppelrotorigen Hubschrauber vom Typ CH-47 am Himmel.

Betty setzte Vicky und den kleinen Colby kurz vor 22 Uhr daheim ab und fuhr zu sich nach Hause. Dort wurde sie bereits von einem Bekannten und ihren Kindern erwartet, aber Betty fühlte sich zu schlecht, um ihnen den Grund für ihre Verspätung lange zu erläutern. Nach einigen Stunden sah ihre Haut aus, als hätte sie einen schweren Sonnenbrand. Ihr Hals schwoll an, und auf Gesicht, Kopf und Augenlidern bildeten sich Bläschen, die nach kurzer Zeit aufplatzten. In der Nacht mußte sie sich mehrmals übergeben. Irgendwann zwischen Mitternacht und zwei Uhr früh ging es Vicky und Colby ähnlich: zunächst sonnenbrandähnliche Hautsymptome, dann Durchfall und Erbrechen.

Am folgenden Tag brachte man Betty in Vickys Haus, wo alle drei gemeinsam gepflegt wurden. Da sich Bettys Zustand zusehends verschlechterte, wurde sie nach drei Tagen ins Krankenhaus gebracht. Dort hielt man ihre Verletzungen für normale Verbrennungen und behandelte sie dementsprechend. Die Ärzte erfuhren erst dann von dem UFO-Vorfall, als Colby ein paar Tage später damit herausplatzte: Er wisse, was die Verletzungen verursacht hatte. Die Verbrennungen und Schwellungen veränderten Bettys Aussehen dermaßen, daß ihre Freunde und Verwandten Mühe hatten, sie wiederzuerkennen. Ihr fielen fast alle Haare aus. Wenn man sich das Foto ansah, das kurz vor Weihnachten von ihr aufgenommen worden war, konnte man kaum glauben, daß es sich um ein und dieselbe Frau handelte. Betty und auch die beiden anderen UFO-Opfer litten unter furchtbarem Kopfweh und schmerzhaften Augenschwellungen.

Später wurden die drei getrennt voneinander befragt – nicht nur über das UFO, sondern auch über die Hubschrauber. Ihre Aussagen über den Vorfall stimmten absolut überein.

Major Tony Geishauser, der Pressesprecher des US-Militärstützpunktes Fort Hood, Texas, teilte einem Lokalreporter mit, daß in der fraglichen Nacht von seinem Stützpunkt aus keine Hubschrauber unterwegs gewesen waren. „Ich wüßte nicht, wer sonst hier in der Gegend über eine dermaßen große Zahl von Hubschraubern verfügen könnte", meinte er. „Keine Ahnung, wo die herkamen ... es sei denn, da ist eine supergeheime Sache im Gang."

Vom Sprecher eines nahegelegenen Flughafens verlautete, daß manchmal „aus Show-Gründen" 100 Hubschrauber von Fort Hood dort landen würden. Er fügte jedoch hinzu, daß die Hubschrauberpiloten die fragliche Gegend in der Regel mieden. Auch weiter entfernt gelegene Stützpunkte bestritten vehement, am 29. Dezember 1980 Hubschrauber losgeschickt zu haben.

Kann es sein, daß die Augenzeugen sich das alles nur eingebildet hatten? Hatten sie Flugzeuge gesehen und vor allem gehört, die es gar nicht gab? Die Beschreibungen und Zeichnungen der drei ließen eindeutig erkennen, daß es sich um Hubschrauber vom Typ CH-47 gehandelt haben mußte. In einem früheren UFO-Fall vom 22. März 1978 in Minnesota waren schon einmal Augenzeugen in den Verdacht geraten, seltsame Geräusche irrtümlicherweise für Hubschrauberlärm gehalten zu haben.

Höllenlärm

Danach war auch Dan Myers zitiert worden, der Leiter der militärischen Flieger-Reserveeinheiten am Holman-Flugplatz: „Schon einer dieser Hubschrauber hört sich in 450 Metern Höhe vom Boden aus wie eine brummende Kettensäge an – bei fünf davon würde der Geräuschpegel noch enorm verstärkt."

Einen Tag vor der UFO-Begegnung im texanischen Huffmann waren in Kentucky von zahlreichen Augenzeugen merkwürdige, sich bewegende Lichter beobachtet worden. Als jedoch ein Hubschrauber in dieses Gebiet einflog, verschwanden die UFOs sofort. Auch in diesem Fall leugneten alle Militärstützpunkte jegliche Hubschrauberaktivitäten entschieden.

Betty, Vicky und der kleine Colby waren allerdings nicht die einzigen, die bei Huffmann seltsame Dinge beobachtet hatten. Ein Polizist aus Dayton und seine Frau fuhren auf ihrem Nachhauseweg durch das betreffende Gebiet und bemerkten am Himmel ebenfalls eine große Zahl von Hubschraubern des Typs CH-47. Auch ein Mann aus Crosby beobachtete ein ungewöhnliches Hubschraubermanöver.

Der Ölfeldarbeiter Jerry McDonald aus Dayton war gerade in seinem Garten, als er direkt über sich ein riesiges UFO bemerkte. Zunächst hielt er es für einen Werbezeppelin der Reifenfirma *Goodyear*, merkte dann aber rasch, daß es sich um etwas Unheimliches handelte. „Es war rautenförmig und hatte hinten zwei Vorrichtungen, aus denen grelle blaue Flammen hervorschossen", erzählte er später. „Als es etwa 45 Meter über mir schwebte, sah ich zwei helle Lichter auf dem Ding und einen roten Leuchtpunkt in der Mitte."

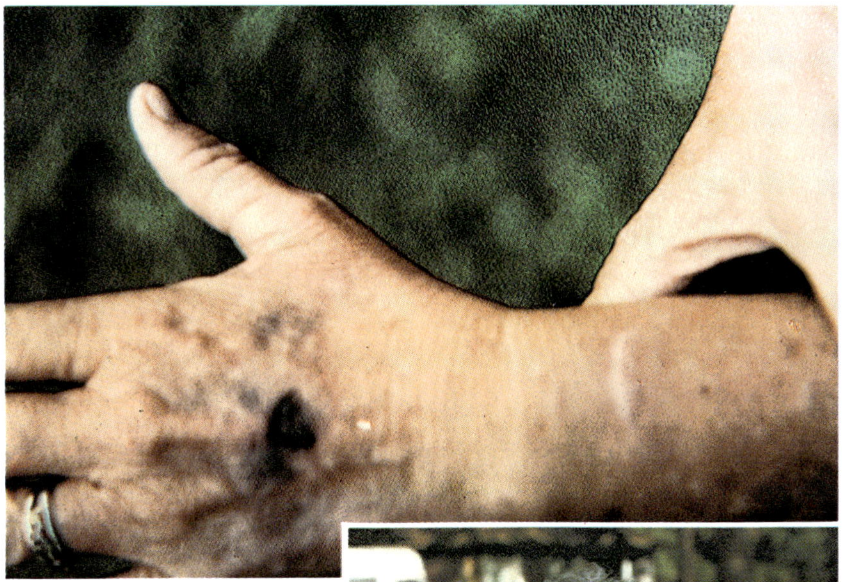

Oben: Noch Monate nach dem UFO-Vorfall litten die Opfer unter den Auswirkungen dieser unheimlichen Begegnung. Hier Vickys verbrannter Handrücken.

Rechts: Eineinhalb Jahre danach zeigte sich, daß Vickys Gesicht bleibende Verletzungen davongetragen hatte, vor allem um die Augen herum.

„KEINE AHNUNG, WO DIE HERKAMEN ... ES SEI DENN, DA IST EINE SUPERGEHEIME SACHE IN GANG."

Und es gab noch einen weiteren Augenzeugen des merkwürdigen Objekts: Am selben Abend beobachtete die Bäckereigehilfin Belle Magee etwa 13 Kilometer westlich von Dayton ein helles Licht am Himmel, das sich in Richtung New Caney bewegte.

Dr. J. Allen Hynek, Gründer eines Zentrums für UFO-Untersuchungen in Evanston, Illinois, war davon überzeugt, daß die Augenzeugen die Wahrheit gesagt hatten. Auf die UFO-Sichtung in Dayton im Dezember 1980 hin angesprochen, erläuterte er: „Wir haben es hier mit Realitäten zu tun", so Hynek, „wissen aber noch nicht, ob es sich um ein Regierungsprojekt oder ein UFO handelt. Es sind eine Menge hochgeheimer Dinge im Gange, von denen die meisten keine Ahnung haben." Und er fügte hinzu: „Irgendwas ist da passiert, das steht fest. Die Frau hat nicht einfach so einen Augenschaden davongetragen, und sie hat sich sicher auch nicht selber die Haare ausgerissen. Es steht absolut außer Frage, daß diese körperlichen Symptome direkt mit ihren Beobachtungen in Zusammenhang stehen." Die genauen Hintergründe des Falls konnten bis heute nicht geklärt werden.

UFO BILDARCHIV

1

2

Am Abend des 5. März 1979 machte der 26jährige Antonio Gonzales Llopis Aufnahmen von Gran Canaria, als er plötzlich ein merkwürdiges, wirbelndes Licht am Himmel über dem Meer bemerkte (Abb. 1). Einen Augenblick später sauste ein riesiges, dunkles Objekt geradewegs in den Himmel und ließ einen gewaltigen Feuerball hinter sich (Abb. 2, 3). Llopis behielt seinen Finger am Auslöser und fotografierte das Objekt, bis es nach etwa drei Minuten verschwunden war. Dieser Zeitraum wurde später von Zeugen bestätigt.

Das blendende Licht um das dunkle Objekt herum ließ keine Einzelheiten erkennbar werden. Das Objekt schien sich sehr schnell zu bewegen. Nachdem es verschwunden war, wurde der Himmel noch eine halbe Stunde lang von einem leuchtenden Schweif und einer goldfarbenen Wolke erhellt (Abb. 4, 5). Tausende Menschen auf Gran Canaria berichteten von dem Ereignis, und viele von ihnen fotografierten es auch. Einige dieser Fotos wurden sogar in die Unterlagen der spanischen Regierung aufgenommen, die einer ernsthaften Untersuchung von Berichten über UFOs immer aufgeschlossener gegenübersteht.

3

4

5

Diese hellen Lichter (rechts) wurden in einer Dezembernacht des Jahres 1979 in der Nähe des Zentralflughafens von Barajas, zehn Kilometer entfernt von Madrid, beobachtet. Zehn dieser Lichter waren zuerst am Himmel über Madrid gesehen worden, wo sie einen kurzen Tanz am Himmel vollführten und schließlich in Richtung Barajas verschwanden, wo dann diese Fotografie entstand. UFOs scheinen von Flughäfen und Flugzeugen, Marinestützpunkten und Schiffen, Kernkraftwerken und militärischen Einrichtungen jeder Art regelrecht angezogen zu werden. In der Tat sind Vertreter der extraterrestrischen Hypothese der Meinung, daß sich UFOs mit ihrer außerirdischen Besatzung für die Entwicklung unserer technischen Ausrüstung interessieren. Andere, „bodenständigere“ Forscher hielten die UFOs für geheime Fluggeräte des Militärs.

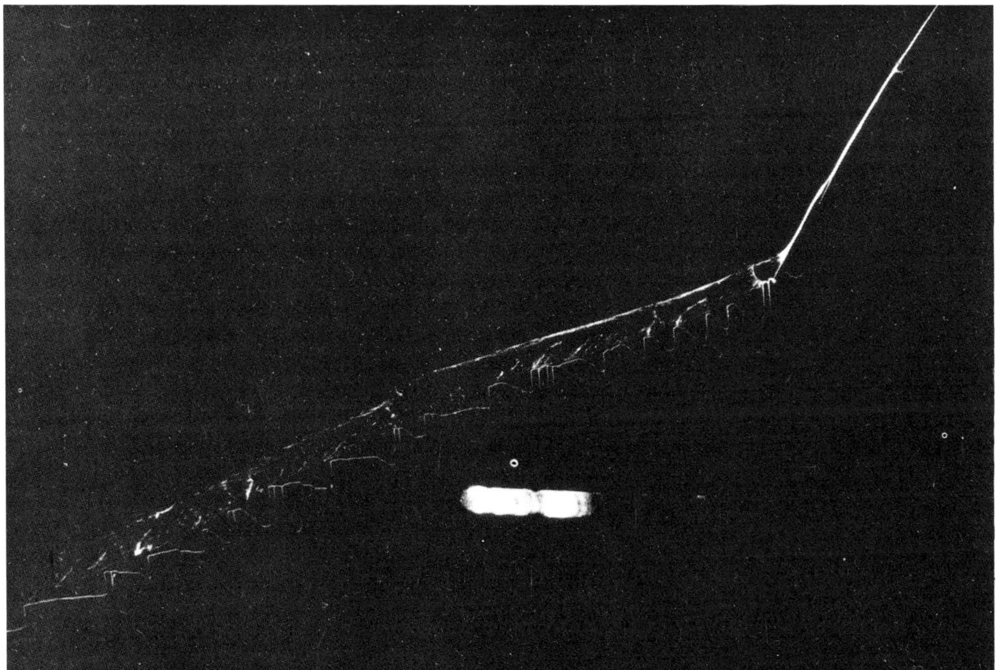

Dieses Foto eines UFOs (links) wurde in der Nacht vom 23. Januar 1967 von einem 17 Jahre alten Schüler der örtlichen Internatsschule unweit Lakeville, Connecticut, USA, aufgenommen. Es handelt sich hierbei aber nur um eine der vielen Beobachtungen von „leuchtenden, sich scheinbar ziellos bewegenden Lichtern“, von denen die Schüler über einen Zeitraum von vier Monaten berichteten. Aber auch ein Lehrer und ein 12jähriger Junge, der in der Nähe wohnte, bestätigten diese Lichterscheinungen. Ayer und Wadsworth, beide Mitarbeiter am „Condon Report“ (ein amerikanisches UFO-Forschungsprojekt), begannen, Nachforschungen anzustellen, und untersuchten das Foto des Jungen. Der Schüler hatte das UFO als einen „leuchtenden Lichtpunkt, der in gleichmäßigen Abständen flackerte oder pulsierte“ beschrieben.

UFOS ODER GEHEIM-WAFFEN?

Oben: Dieses ferngesteuerte Forschungsflugzeug wurde von der NASA entworfen und hat vielleicht manchen Augenzeugen hinters Licht geführt, der es für ein UFO hielt. Die zigarrenförmige Tragfläche kann um 45 Grad gedreht werden, um bei unterschiedlichen Geschwindigkeiten jeweils die optimale Leistung zu erzielen.

Rechts: Die gesamte Oberfläche dieses NASA-Flugzeuges ist auf maximalen Auftrieb ausgerichtet. Es wurde aus großer Höhe von einem Bomber gestartet.

Forschungsflugkörper, die unter größter Geheimhaltung gebaut werden, entsprechen oft nicht den üblichen Vorstellungen, wie ein Flugzeug aussehen müßte. Wie hoch ist die Wahrscheinlichkeit, daß sie auf ihren Testflügen für UFOs gehalten wurden?

Gerüchten zufolge wird seit dem Zweiten Weltkrieg innerhalb eines speziellen Forschungsprojekts eine Fliegende Untertasse unter höchster Geheimstufe entwickelt und gebaut. Könnte die heutige Technologie bereits so weit fortgeschritten sein, daß der Bau von Flugobjekten mit Merkmalen möglich ist, die normalerweise UFOs fremder Intelligenzen zugeschrieben werden?

Gegenüberliegende Seite unten: Die unbemannte Sonde stammt nicht aus dem Weltraum, sondern aus den Fertigungshallen der britischen Firma Westland. Der ferngesteuerte Helikopter ist mit 1,5 Meter breiten Rotorblättern und einer etwa 60 Zentimeter großen Kabine ausgestattet, in der verschiedene Luftraumüberwachungsinstrumente untergebracht sind. Die Standfüße hinterlassen auf dem Boden ähnlich runde Abdrücke, wie sie häufig von UFO-Augenzeugen beschrieben werden.

Man ist durchaus imstande, wissenschaftliche Anlagen vor der Öffentlichkeit und den Medien fernzuhalten. Die Forschungseinrichtungen der Nazis waren in gigantischen unterirdischen Anlagen untergebracht, von deren Existenz nur wenige Außenstehende wußten: Da befanden sich Windtunnels, Maschinenräume, Montagehallen, Raketenabschußrampen, Materialdepots und Unterkünfte für Tausende von Arbeitern. Auch der vom US-Luftfahrts- und Raumfahrtsverteidigungskommando betriebene *Cheyenne Complex* im US-Bundesstaat Colorado liegt in einem Berg versteckt, und zwar auf riesigen Stoßdämpfern, um die Erschütterungen bei einem möglichen Angriff aufzufangen. Der Komplex besteht aus einem kilometerlangen Tunnelnetz, ist vollkommen gegen die Außenwelt abgeschottet und auch vom Flugzeug aus nicht erkennbar. Außer den dort Beschäftigten (die sich alle zu strengster

Rechts: Dieser Prototyp des British Flying Wing *war eines von vielen Nachkriegsmodellen, die auf den schweren Rumpf verzichteten, wie man ihn von konventionellen Flugzeugen her kannte. Die bogenartige Form könnte von einigen Beobachtern für ein UFO gehalten worden sein. Interessanterweise deckt sie sich genau mit Kenneth Arnolds Beschreibung eines unbekannten Flugobjekts, das er 1947 sichtete.*

Geheimhaltung verpflichtet haben) wissen nur wenige, was in der Anlage eigentlich vor sich geht.

Warum sollten also in unbewohnten oder nur schwer zugänglichen Regionen der Welt, wie etwa der Arktis oder der Antarktis, keine ausgedehnten Einrichtungen existieren, in denen hochentwickelte, scheibenförmige Flugkörper entstehen?

Während der Konstruktion könnten diese Projekte natürlich absolut geheimgehalten werden. Sobald sie jedoch auf Test- oder Erkundungsflüge geschickt werden, wäre das Geheimnis gelüftet. Es ist also denkbar, daß die einschlägigen Behörden sich dazu entschlossen haben, diese Flugobjekte ganz offen fliegen zu lassen, gleichzeitig aber international eine Politik der Verwirrung zu betreiben. Möglicherweise entsprechen die systematische Verfolgung und das Bloßstellen von UFO-Augenzeugen und die offensichtliche Ineffizienz der behördlichen UFO-Untersuchungen den bevorzugten Methoden, um diese Vorfälle zu vertuschen.

Auf diese Weise ließen sich solche repressiven Maßnahmen erklären, wie sie in einer Direktive der US-Generalstabschefs im Dezember 1953 verabschiedet wurden. Nach dem Spionagegesetz gilt die unerlaubte Freigabe von Informationen über UFO-Sichtungen als Verbrechen und wird mit einer Gefängnisstrafe zwischen einem und zehn Jahren beziehungsweise einer Geldstrafe von 10000 Dollar geahndet.

Geht man davon aus, daß diese Fliegenden Untertassen von Menschenhand stammen, stellt sich natürlich sogleich die zweite Frage: Ist die moderne Technik tatsächlich schon so weit, daß sie die von den UFO-Beobachtern beschriebenen Flugmerkmale realisieren kann?

In seinem Buch *Ufology* (Ufologie) untersucht James M. McCampbell genauestens die physikalischen Merkmale, die ein UFO aufweisen muß, um die von Augenzeugen geschilderten Geschwindigkeiten und Flugmanöver erbringen zu können. Nach McCampbell verfügen UFOs wahrscheinlich über hochentwickelte Antriebsmethoden. Möglicherweise verwenden sie Ionenraketen, deren Abgase aus elektrisch geladenen Teilchen (Ionen) bestehen, die mittels starker elektrischer Felder auf extrem hohe Geschwindigkeiten beschleunigt werden. Oder der Schub stammt aus Kernfusion-Impulsraketen, deren kontinuierliche Wasserstoffexplosionen die nötige Antriebskraft liefern. Vielleicht verfügen die Flugobjekte auch über Antigravitationsschilder, eventuell in Verbindung mit einem der genannten Antriebsverfahren.

Die Ionisierung der Luft bei gleichzeitiger elektrischer Entladung könnte für das Glühen verantwortlich sein, das viele UFO-Augenzeugen beschrieben haben. Und ein Antigravitationsschild würde erklären, warum das Objekt kaum Turbulenzen, aber beim Vorbeifliegen häufig einen Überschallknall verursacht.

Von der Schwerkraft abgeschirmt

McCampbell schätzt, daß ein UFO allein beim Start ebensoviel Energie verbraucht, wie bei der Explosion einer Atombombe freigesetzt wird. Das würde den Flugkörper aber auf etwa 85000 Grad Celsius aufheizen und starke Radioaktivität freisetzen, was nur durch Antigravitationsschilder vermieden werden könnte. In diesem Fall wäre der Flugkörper nahezu masselos, und das UFO bräuchte nur sehr wenig Energie, um auf enorme Geschwindigkeiten zu beschleunigen. So wären auch die UFO-typischen

Oben links:* Dieser Forschungshelikopter namens** Kiebitz ***wurde von Dornier entworfen und hängt an einem Halteseil. Seine Rotorblätter haben eine Spannweite von acht Metern. Er sollte Aufklärungsflüge über Gefechtsschauplätzen durchführen und Meldungen weiterleiten. Sein Flugwerk wurde so gestaltet, daß Radarreflexionen auf ein Minimum reduziert waren. Unsichtbarkeit auf Radarschirmen gilt als Hauptziel der militärischen Forschung, und genau über dieses Merkmal verfügen viele sogenannte „außerirdische" UFOs.

Oben rechts:* Das Tragwerk des Roboterflugzeugs** Aerodyne ***wurde ebenfalls von Dornier gebaut. Der turbinenbetriebene Propeller ermöglicht direkten Hub und befindet sich links unter der Abdekkung. Dieser seltsam anmutende Aufbau soll in einem flügellosen Roboterflugkörper untergebracht werden.

Flugmanöver wie rasantes Beschleunigen oder abruptes Stoppen erklärbar.

In diesem Zusammenhang sei erwähnt, daß bereits 1965 allein in den USA von der Luftwaffe, der Marine, der Armee, der NASA, der Atomenergiekommission und der „National Science Foundation" mindestens 46 nichtgeheime Gravitationsforschungprojekte durchgeführt wurden. Da sie nicht als *TOP SECRET* klassifiziert waren, kann man sicherlich davon ausgehen, daß heute bereits andere, anspruchsvollere Projekte in bezug auf Gravitation und spezielle Antriebstechniken verfolgt werden.

Sowohl Militärs als auch Zivilunternehmen führen schon seit Jahren Experimente zur Klärung der interessanten UFO-Frage durch. Lange Zeit wurde gemutmaßt, daß das berühmte „Philadelphia-Experiment" von 1943 (dabei soll ein komplettes Schiff der US-Marine dematerialisiert und an einen anderen Ort teleportiert worden sein) Teil eines solchen Forschungsprojektes war. Jener spektakuläre Fall ist aber bis heute umstritten, was seinen Teil dazu beigetragen hat, eventuelle Regierungsaktivitäten in diesen Bereichen zu verschleiern.

Welche Informationen existieren über die unmittelbaren Kontaktaufnahmen mit UFO-Besatzungen, von denen Augenzeugen häufig berichten?

Eine auf den ersten Blick merkwürdige, aber immer wieder aufgetretene Reaktion der Kontaktperson ist eine Schwächung der Widerstandskraft angesichts der fremden Wesen. Viele schildern, daß sie regelrecht von ihnen angezogen wurden und ihnen blindlings gehorchten, auch wenn die Fremdlinge kein Wort sprachen. Im allgemeinen fühlten sich die Augenzeugen verlassen, der Wirklichkeit entrückt und von sich selbst losgelöst. Dem ersten Schreckmoment folgte oft ein angenehmes ruhiges Gefühl, manche Kontaktpersonen wurden auch in eine Art Hypnose versetzt, die durch Lichtstrahlen, Metallobjekte, die man gegen ihren Nacken preßte, Handauflegen eines Außeridischen oder seltsame Geräusche zustande kam.

Die etablierten Wissenschaften beschäftigen sich schon lange mit der Beeinflußbarkeit des Menschen. Durch zahlreiche Experimente wurde festgestellt, daß Licht und Töne auch vollkommen „normale" Menschen psychisch und körperlich stark beeinflussen können. Leider wurden und werden diese Erkenntnisse von vielen Ländern der Welt zur Folterung von Menschen mißbraucht. Ein Licht, das zwischen acht- bis zwölfmal pro Minute blinkt (das entspricht der Frequenz der Alphawellen im Gehirn), kann bei jedem heftigste Reaktionen auslösen: von zuckenden Gliedmaßen über Schwindelgefühle bis hin zur Bewußtlosigkeit. Es ist daher denkbar, daß der „blinkende Lichtstrahl", an den sich viele Augenzeugen immer wieder erinnern, genau in der Frequenz ausgesendet wird, die die Gehirnwellen beeinflußt, und damit einen hypnotischen Zustand, Halluzinationen oder gar beides auslöst.

Ähnliche Effekte bewirken Infraschalltöne, deren Frequenzen unterhalb der menschlichen Hörschwelle liegen. Bestimmte Niederfrequenztöne können nicht nur das rhythmische Muster der Gehirnwellen manipulieren, sondern auch körperliche Veränderungen wie zum Beispiel heftige Migräne (worüber sehr viele Augenzeugen klagen) und zeitweilige Gliederlähmung hervorrufen.

Immer wieder berichten UFO-Beobachter, daß ihnen Außerirdische eine Hand oder einen Metallgegenstand gegen den Nacken drückten, wodurch sie vorübergehend willenlos oder sogar bewußtlos wurden. Dabei könnte es sich um eine gängige Hypnosetechnik handeln, bei der ein Blutgefäß in

Ohrnähe abgedrückt und so kurzzeitig die Blutzufuhr zum Gehirn unterbunden wird: Der Betreffende empfindet Verwirrung und wird für hypnotische Reize empfänglich.

Durchaus denkbar wäre auch, daß im Rahmen von geheimen Forschungsprojekten bereits hochentwickelte Systeme entwickelt wurden, wie etwa scheibenförmige Objekte, die von ferngesteuerten Cyborgs (halb Mensch, halb Maschine) gesteuert oder programmiert werden.

Das alles ist vielleicht gar nicht so weit hergeholt, wie es auf den ersten Blick scheint. Neben vielen potentiellen Projekten, die großangelegte Mond- und Marsexpeditionen zum Inhalt haben, beschreibt der Autor David Rorvik einen Cyborg, der wesentlich beweglicher und zweifellos leistungsfähiger wäre als die heutigen Astronauten. Da die Lunge des Maschinenwesens teilweise außer Funktion gesetzt und das darin enthaltene Blut künstlich gekühlt würden, wären Mund und Nase fest versiegelt, also sozusagen „stillgelegt". Chemikalien und konzentrierte Nahrung würden ständig durch den Blutkreislauf des Cyborgs zirkulieren, aus Abfallprodukten könnte er neue Nahrungsbausteine herstellen, und Kommunikation fände ausschließlich durch unmittelbar auf die Stimmbänder einwirkende Radiowellen statt.

Sollten derartige Experimente in einem der geheimen Forschungslabors, die auf der gesamten Welt existieren, bereits durchgeführt worden sein, dann ist es durchaus nicht ausgeschlossen, daß die unheimlichen Begegnungen mit der Dritten Art in Wirklichkeit nichts anderes als Kontakte mit von Menschen produzierten Maschinen sind.

***Oben:** Dieses Raumschiff soll von einer Wasserstoffbombe angetrieben werden. Das Projekt **Daedalus** wird von der „British Interplanetary Society" durchgeführt und ist für eine unbemannte interstellare Expedition gedacht. Die Brennstofftabletten in den kugelförmigen Tankbehältern verbrennen während mehrerer Wasserstoffexplosionen und beschleunigen das Flugobjekt immerhin auf einen beachtlichen Teil der Lichtgeschwindigkeit.*

"ALS SCHLÜSSIGE ERKLÄRUNG FÜR GEWISSE UFO-BEGEGNUNGEN WÜRDE ICH SOFORT AKZEPTIEREN, DASS ES SICH DABEI UM PSYCHOLOGISCHE PROBELÄUFE HANDELT, DIE DIE GLAUBWÜRDIGKEIT DER ÖFFENTLICHKEIT TESTEN SOLLEN UND DIE VON DEN FÜR NATIONALE SICHERHEIT ZUSTÄNDIGEN BEHÖRDEN ANGEORDNET WERDEN."

Chris Boyce,

Extraterrestrial Encounter

(Begegnungen mit Außerirdischen)

Im Blickpunkt

UFOS – GEHEIME VERSCHLUSS-SACHE

Zwischen 1948 und 1969 gingen über 12 600 UFO-Meldungen ein, für deren Auswertung die US-Luftwaffe zuständig war. 701 davon, also mehr als fünf Prozent, verschwanden mit dem Vermerk „unerklärlich" im Archiv. Kritiker bemängelten, daß dem Projekt *Blue Book*, wie die Untersuchung offiziell hieß, zuwenig technisch und wissenschaftlich qualifiziertes Personal zur Verfügung stand. Einer ihrer eigenen Projektberater, Dr. Allen Hynek, warf der amerikanischen Luftwaffe neben Arbeitsbehinderung auch Inkompetenz vor.
Als der ambitionierteste Projektleiter, Captain Edward J. Ruppelt, vorschlug, eine Reihe von Radarstationen mit Fotokameras auszurüsten, um während der Verfolgung eines UFOs laufend alle Ereignisse aufzeichnen zu können, wurde dieser Plan von seinen Vorgesetzten vereitelt. Ein anderer Mitarbeiter, Major Dewey Fournet, führte eine detaillierte statistische Untersuchung der Augenzeugenberichte durch, um eine Liste der UFO-Flugmanöver zu erstellen. Später stritt die Air Force die Existenz dieser Studie rundweg ab. Der gefeierte *Condon*-Report aus dem Jahre 1966 bildete den Höhepunkt einer zweijährigen Untersuchung, die ein Forscherteam der Universität von Colorado im Auftrag der Air Force unternommen hatte. In diesem Bericht fielen mindestens 20 Prozent aller UFO-Sichtungen unter die Kategorie unerklärlich. In verschiedenen Fallbeschreibungen wurde offen zugegeben, daß UFOs wirklich existieren, oder von „seltenen und bislang unverständlichen Naturerscheinungen" gesprochen. In der von Dr. Edward U. Condon, dem Leiter der Untersuchungskommission, persönlich verfaßten Schlußfolgerung hieß es dann aber:
„Die UFO-Nachforschungen der letzten 20 Jahre haben nichts ergeben, was den Stand der Wissenschaft vorangebracht hätte..." Im Dezember 1969 wurden das Projekt *Blue Book* und damit die UFO-Untersuchungen von der Air Force offiziell eingestellt. Trotzdem werden viele Ergebnisse bis heute geheimgehalten. Ufologen zufolge wurden die offiziellen Untersuchungsberichte im Laufe der Jahre aus Inkompetenz oder vielleicht sogar vorsätzlich unterschlagen.

UFO-Sichtungen über Großstädten sind selten, dennoch konnte eines über dem Londoner Vorort Streatham beobachtet und photographiert werden.

UFOS ÜBER DER STADT

Fotos von UFOs sind, so sollte man meinen, ein brauchbarer Beweis, doch leider trifft dies nicht immer zu. So kann beispielsweise mitunter auf dem Bild ein UFO erscheinen, das der Fotograf selbst gar nicht sah oder aber ganz anders in Erinnerung hat. Selbst authentische Fotos sind also oft recht problematisch.

Echte UFO-Sichtungen über London stellen eine Seltenheit dar. Es gehen zwar viele Meldungen ein, doch sie erweisen sich häufig als Fehldeutungen von Lichtern am Himmel. Das ist kein Wunder angesichts der zahlreichen Starts und Landungen auf dem Flughafen Heathrow, zumal noch andere Maschinen hinzukommen, die die Stadt in großer Höhe überfliegen, sowie Satelliten, die am Abend die Strahlen der bereits untergegangenen Sonne reflektieren. In der Tat stützen sich nur wenige der eingehenden UFO-Meldungen auf eine Beobachtung aus geringer Entfernung, die als nahe Begegnung der ersten Art einzustufen wäre.

Eine Sichtung gegen Ende 1966 könnte diese Bedingung indes erfüllt haben. Untermauert wird der Bericht durch Fotos, die bemerkenswerte Veränderungen in der Form des abgebildeten Objekts erkennen lassen; und dieser Wandel kann nicht allein auf unterschiedliche Perspektiven des Fotografen zurückzuführen sein.

Der Zwischenfall ereignete sich am Donnerstag, dem 15. Dezember 1966, einem der kürzesten Tage des Jahres: Die Sonne ging bereits um 15 Uhr 53 unter. Das Wetter war unangenehm an jenem Tag – neblig trüb, regnerisch und wolkenverhangen. Die maximale Sichtweite betrug drei Kilometer.

Gegen 14 Uhr 30 stand Anthony Russell am geöffneten Fenster seiner Wohnung in der Lewin Road, Streatham, im Südwesten Londons. Das Fenster, an dem Russell stand, zeigt etwa nach Nordnordwest. Russell, ein passionierter Fotograf, testete gerade zwei neue Zweifach-Konverter für seine einäugige Spiegelreflexkamera Zenith 3N (Brennweite 135 Millimeter, mit Konverter auf 270 Millimeter verbessert). Dabei richtete Russell die Kamera auf den Giebel eines Hauses, das etwa 26 Meter entfernt war. Die Kamera war mit einem 35-mm-Gratispool-Farbfilm bestückt. Plötzlich bemerkte Russell ein Objekt am Himmel, das schnell herabfiel, innehielt

Anthony Russells erstes Foto läßt rechts von der Basis des Objekts die Andeutung eines Treibstrahls erkennen. Die Stange am Giebel des Hauses auf der gegenüberliegenden Straßenseite stützt einen nicht abgebildeten Schornstein.

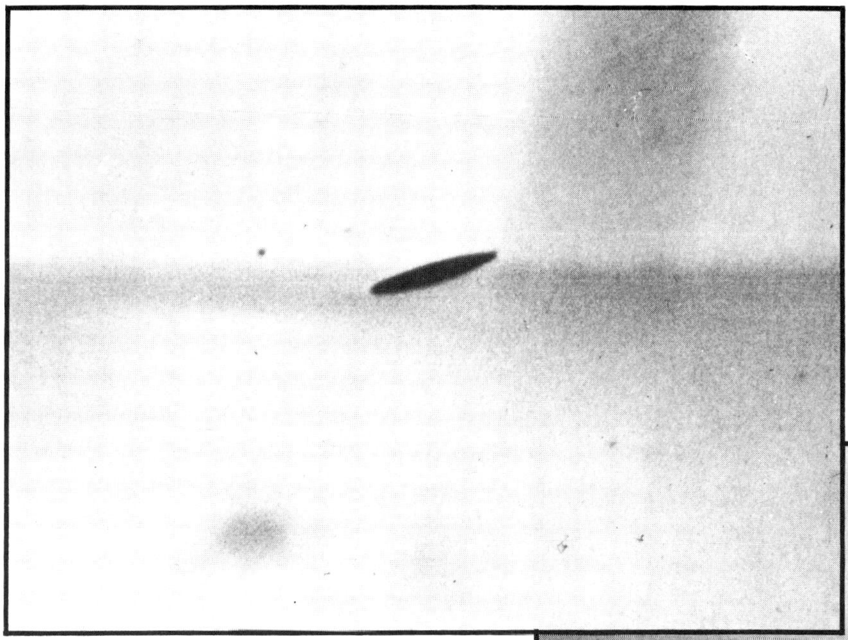

tertransportiert hatte. Nach dem schnellen Sinkflug und abrupten Stillstand des UFOs schoß Russell die ersten beiden Aufnahmen. Dabei verwendete er den einfachen Konverter, den er gerade testete, bei einer Einstellung von 1/125 Sekunden (Blende 5,6). Dann trat er kurz vom Fenster zurück, steckte den zweiten Konverter auf, der die Brennweite auf 540 Millimeter steigerte, und stellte die Belichtung auf 1/25 Sekunden (Blende 11). Als er zum Fenster zurückkehrte, stand das Objekt „hochkant" und zeigte sich ihm in seiner vollen Kreisform, bevor es eine 90-Grad-Drehung um seine Längsachse vollzog und sich von der Seite präsentierte. Danach setzte es sich nach rechts in Bewegung. Bis dahin erzielte Russell nur

und dann langsam in einer Art Pendelbewegung abwärts sank. Nach einem kurzen Augenblick des Staunens stellte er seine Kamera geistesgegenwärtig auf „unendlich" und drückte auf den Auslöser. Er meinte, zwölf Fotos geschossen zu haben, davon die letzten beiden, als das Objekt sich erst langsam und dann erheblich beschleunigt entfernte.

Vor diesem Erlebnis war der Augenzeuge nur insofern mit UFO-Literatur in Berührung gekommen, als sein Vater das Titelbild für das Buch *Flying Saucers Have Landed* (Fliegende Untertassen gelandet) von George Adamski und Desmond Leslie entworfen hatte. Russell hielt jedoch nicht viel von diesem Buch und wurde durch eine Begegnung mit Adamski in seiner ablehnenden Haltung noch bestärkt.

Russell verschoß die verbliebenen Aufnahmen an Weihnachten und schickte den Film nach den Feiertagen zum Entwickeln. Inzwischen erzählte er nur einigen Freunden von seinem Erlebnis. Sie neigten eher dazu, den Zwischenfall mit einem Lachen abzutun, er selbst aber wollte der Sache gern nachgehen. Er wünschte keine Publicity, wie sie ein Zeitungsartikel nach sich gezogen hätte, wußte aber auch nicht, wer sich sonst ernsthaft dafür interessieren könnte. Da er fürchtete, etablierte Institutionen wie die „Royal Astronomical Society" oder auch die „Royal Aeronautical Society" würden ihn kurzerhand abweisen, schlug er im Telefonbuch unter dem Stichwort „flying" nach und stieß so auf *Flying Saucer Review*. In einem Brief informierte er die Zeitschrift über seine Fotos, und man antwortete ihm, R.H.B. Winder und Gordon Creighton würden, sobald der Film entwickelt sei, die Angelegenheit untersuchen.

Für Russell folgte eine herbe Enttäuschung, denn nur drei der zwölf Dias waren gelungen. Ein viertes – die letzte Aufnahme – ließ ein vages Gebilde erkennen, das wenig aussagte. Russell zeigte sich verblüfft über die offensichtlichen Veränderungen in der Form des Objekts, denn er selbst hatte nur bemerkt, daß er es von verschiedenen Seiten sah.

Vermutlich kamen die acht schwarzen Dias dadurch zustande, daß Russel den Film zu hastig weitertransportiert hatte.

Ganz oben: Russells zweites Foto zeigt das UFO von der Seite, wodurch die Scheibenform deutlich wird. Der Experte, der die Fotos auf ihre Echtheit prüfte, fand für die seltsamen Schatten auf dieser Aufnahme keine schlüssige Erklärung.

Oben: Das dritte Foto zeigt das UFO in Schräglage, vielleicht während der Steigphase, denn es entstand kurz vor dem endgültigen Verschwinden des Objekts. Bei Vergrößerung wird links deutlich ein Treibstrahl erkennbar.

> "PLÖTZLICH BEMERKTE RUSSELL EIN OBJEKT AM HIMMEL, DAS SCHNELL HERABFIEL, INNEHIELT UND DANN LANGSAM IN EINER ART PENDELBEWEGUNG ABWÄRTS SANK. NACH EINEM KURZEN AUGENBLICK DES STAUNENS GRIFF ER GEISTESGEGENWÄRTIG ZU SEINER KAMERA UND DRÜCKTE AUF DEN AUSLÖSER."

zwei gelungene Aufnahmen. Das dritte brauchbare Bild entstand, während sich das UFO nach rechts bewegte, und das vierte schließlich, als es schnell davonflog. Bis Russell weitergespult hatte, war das Objekt verschwunden.

Nach ihrer Ermittlung leiteten die Experten die Dias an den fotografischen Berater der *Flying Saucer Review*, Percy Hennell, weiter. Er prüfte sie, fertigte von den ersten drei Kontaktabzüge an und

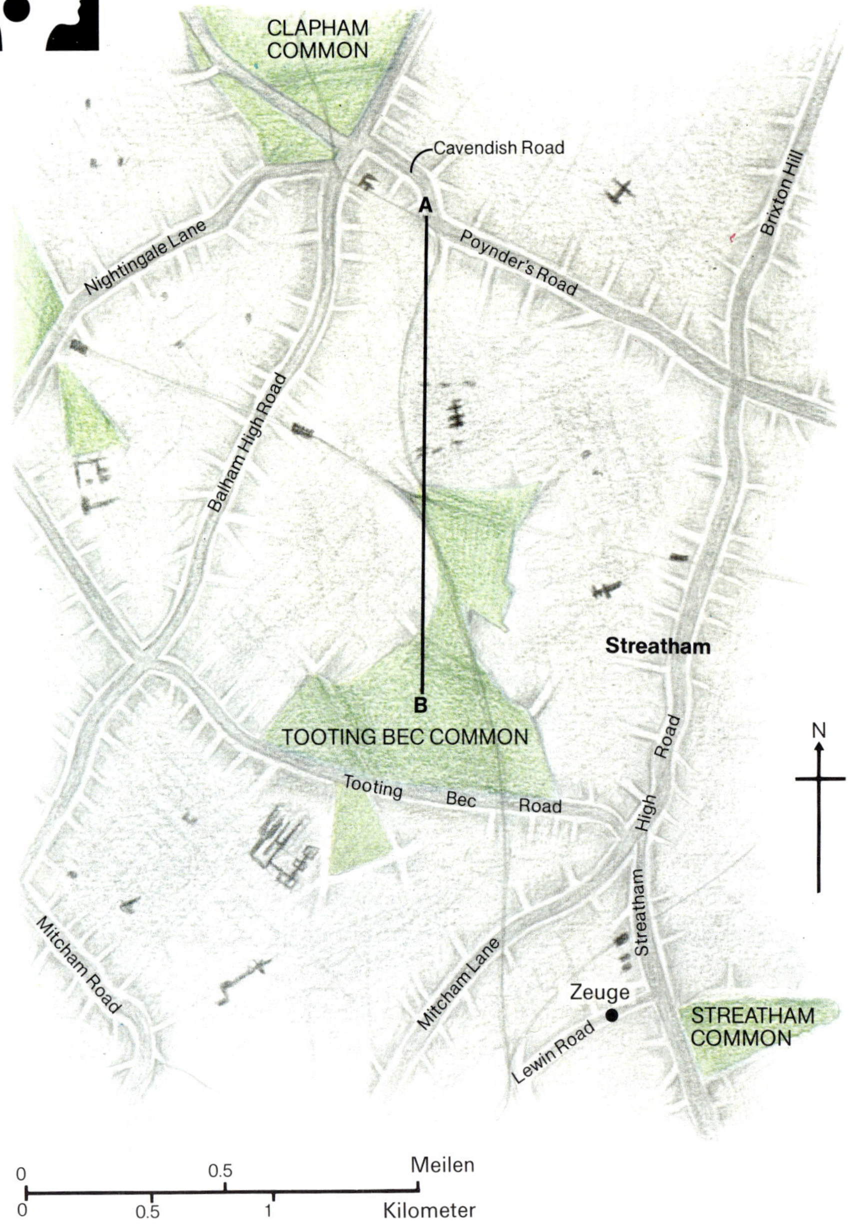

stellte fest, daß es sich um „echte Fotos eines Objekts in der Luft" handelte. Er konnte keinerlei Anzeichen für eine Manipulation der Dias erkennen. Auch als sie später auf eine 3,5-m²-Leinwand projiziert wurden, konnte man beim besten Willen nichts Verdächtiges entdecken.

Die Ermittler stellten fest, daß das Objekt nicht leuchtete. Da es sich als dunkler Gegenstand gegen einen hellen Hintergrund abzeichnete, wäre es somit für den Augenzeugen absolut unmöglich gewesen, irgendwelche Farben zu unterscheiden. Russell äußerte nur die Vermutung, es hätte bräunlich sein können.

Das erste Foto zeigt den Giebel des gegenüberliegenden Hauses und rechts davon eine beinahe waagerechte Stange, die als Stütze für einen nicht mehr abgebildeten Schornstein dient. Winder schätzte, daß sich die Stange in einem Höhenwinkel von 10 Grad zur Linse befand. Nach Russells Vorstellung war das Objekt bis zu etwa 1,6 Kilometern entfernt. Auf dem Foto erkennt man andeutungsweise einen Treibstrahl rechts von der UFO-Basis. Als man das Bild vergrößerte und mit dem Projektor betrachtete, war er deutlicher zu sehen.

Winder fiel auf, daß die Silhouette des UFOs auf dem ersten Foto eine bemerkenswerte Ähnlichkeit mit der Zeichnung aufwies, die der Polizist Colin Perks angefertigt hatte, nachdem er am 7. Januar 1966 um 4 Uhr 10 in Wilmslow, Cheshire, ein UFO gesichtet hatte. Constable Perk überprüfte gerade die Hintertür eines Ladens, als er ein schrilles Heulen vernahm. Er drehte sich um und erblickte über der Wiese jenseits des Parkplatzes, der hinter den Geschäften lag, ein anscheinend aus solider Substanz bestehendes Objekt. Es stand zehn Meter über dem Boden unbeweglich in der Luft, etwa 90 Meter von ihm entfernt. Perk sagte aus, die Oberseite des UFOs habe ständig grünlich-grau geleuchtet, dennoch sei die Form des Objekts deutlich zu erkennen gewesen. Die Linien in seiner Zeichnung sollten „abgerundete, aber recht scharfe Einbuchtungen in den Konturen darstellen, denen unterschiedliche Schattierungen des Glühens entsprachen". Öffnungen wie Luken oder Türen konnte er nirgendwo entdecken. Er schätzte den Durchmesser an der Basis auf die Länge eines Busses, also auf etwa neun Meter. Nach etwa fünf Sekunden entfernte sich das Objekt mit unverändertem Geräusch in Richtung Ostsüdost und verschwand.

Russells übrige Fotos enthielten keinerlei Parallelen zu bisherigen UFO-Unterlagen. Auf dem zweiten Bild fallen sonderbare Schatteneffekte auf, besonders einer, der sich in Richtung „sieben Uhr"-Position neigt. Hierfür konnte Hennell keine hinreichende Erklärung finden.

Das dritte Foto wirkt verwackelt, sei es durch die Bewegung des beschleunigenden Objekts oder die unruhige Hand des Fotografen. Auch hier sieht man die Andeutung eines Treibstrahls links vom Objekt, der auf der Vergrößerung noch deutlicher zu erkennen ist.

Wenn man Russells Standort und die begrenzte Sichtweite von 3 Kilometern in Rechnung stellt, muß sich das Objekt irgendwo auf einer Linie zwischen den Punkten Tooting Bec Common und Cavendish Road befunden haben.

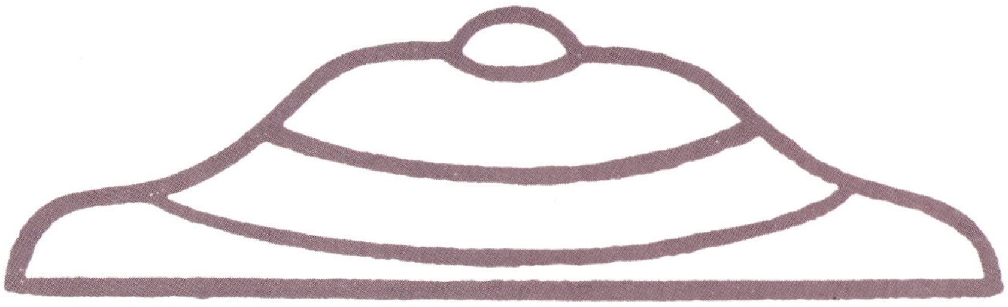

***Ganz oben:* Die Karte zeigt das Gebiet, in dem Russell von Streatham aus das UFO beobachtete. Es muß sich irgendwo auf der Linie A-B befunden haben.**
***Oben:* Die Zeichnung wurde von Constable Perks angefertigt, nachdem er in Cheshire etwa ein Jahr vor Russells Beobachtung ein UFO gesichtet hatte. Beide Berichte weisen frappierende Parallelen auf.**

Vom Flughafen Heathrow erfuhren die Ermittler, daß das Objekt auf dem Radar nicht gesichtet wurde, es wurde ihnen jedoch mitgeteilt, daß es möglicherweise durch seinen schnellen Sinkflug dem Peilstrahl entging.

Eine Erkundigung beim Verteidigungsministerium (Luft) nach den am 15. Dezember 1966 eingesetzten Wetterballons ergab, daß vor der Sichtung im Süden und Südwesten Englands vier aufgestiegen waren, sich jedoch nicht in den Raum London bewegt hätten und somit als Erklärung nicht in Frage kommen konnten.